土力学与地基基础

主 编 赵 欢 毕 升

主 审 於 斌

北京理工大学出版社

BEIJING INSTITUTE OF TECHNOLOGY PRESS

内 容 提 要

本书按照《建筑地基基础设计规范》（GB 50007—2011）、《建筑桩基技术规范》（JGJ 94—2008）、《建筑地基处理技术规范》（JGJ 79—2012）等相关标准规范编写。全书除绪论外，共分为9章，主要内容包括土的物理性质及工程分类、地基应力计算、土的压缩性与地基变形计算、土的抗剪强度与地基承载力、土压力与边坡稳定分析、天然地基上的浅基础、桩基础、地基处理、特殊土地基等。

本书可供高等院校土木工程类相关专业的学生使用，也可作为土建工程技术人员的参考用书。

图书在版编目(CIP)数据

土力学与地基基础 / 赵欢，毕升主编.—北京：北京理工大学出版社，2018.8
ISBN 978-7-5682-6060-2

Ⅰ.①土…　Ⅱ.①赵…②毕…　Ⅲ.①土力学–高等学校–教材 ②地基–基础(工程)–高等学校–教材　Ⅳ.①TU4

中国版本图书馆CIP数据核字(2018)第182680号

出版发行 / 北京理工大学出版社有限责任公司

社　　址 / 北京市海淀区中关村南大街5号

邮　　编 / 100081

电　　话 / （010）68914775（总编室）

　　　　　（010）82562903（教材售后服务热线）

　　　　　（010）68948351（其他图书服务热线）

网　　址 / http://www.bitpress.com.cn

经　　销 / 全国各地新华书店

印　　刷 / 北京紫瑞利印刷有限公司

开　　本 / 787毫米×1092毫米　1/16

印　　张 / 12

字　　数 / 294千字

版　　次 / 2018年8月第1版　2018年8月第1次印刷

定　　价 / 52.00元

责任编辑 / 钟　博

文案编辑 / 钟　博

责任校对 / 周瑞红

责任印制 / 边心超

编委会名单

主 任 委 员：孙玉红

副主任委员：张颂娟　梁艳波　刘昌斌　刘　鑫　赖　伶
　　　　　　丁春静　王丹菲　谷云香　王雪梅　夏　怡
　　　　　　覃　斌　解宝柱　苏德利　郑敏丽　温秀红
　　　　　　聂立武　孙　阳　万　静

秘 书 长：阎少华

副秘书长：瞿义勇　聂立武　黄富勇

秘　　　长：石书羽

编 写 说 明

　　高等教育教材建设工作对"提高人才培养质量"有着至关重要的作用。

　　为全面推进高等教育教材建设工作，将教学改革的成果和教学实践的积累体现到教材建设和教学资源统合的实际工作中去，以满足不断深化的教学改革的需要，更好地为学校教学改革、人才培养与课程建设服务，北京理工大学出版社搭建了平台，组织辽宁石油化工大学等18所院校共同参与编写了本系列教材。本系列教材由参与院校院系领导、专业带头人等组建的编委会组织主导，经北京理工大学出版社及18所院校土建大类专业学科各位专家近两年的精心组织，以创新、合作、融合、共赢、整合跨院校优质资源的工作方式，结合各院校对土建大类专业学科和课程教学理念、学科建设和体系搭建等研究建设成果，以及当前工程建设的形势和发展编写而成。

　　本系列教材力求结构严谨、逻辑清晰、叙述详细、通俗易懂。全书有较多的例题，便于实践教学和自学，同时注意尽量多给出一些应用实例，可供各高等院校土建类专业师生学习和使用，也可供广大工程技术人员参考。

辽宁省18所院校土建学科建设及教材编写专委会和编委会

前　言

　　土力学与地基基础是土木工程类相关专业的一门综合性很强的专业课程。本书根据教育部高等教育土建类专业技术课程教学的基本要求，按照《建筑地基基础设计规范》（GB 50007—2011）、《建筑桩基技术规范》（JGJ 94—2008）、《建筑地基处理技术规范》（JGJ 79—2012）等相关国家标准和规范编写，通过对基础理论的深入讲解和对基本概念的正确应用，达到土力学与地基基础理论与实践的更好结合。本书主要内容包括绪论、土的物理性质及工程分类、土的渗透性、土中应力计算、地基变形计算、土的抗剪强度与地基承载力、土压力与土坡稳定、岩土工程勘察、天然地基浅基础、桩基础、地基处理技术等。本书可作为普通高等学校土木工程专业的教学用书，也可供其他相近专业师生及工程技术人员参考使用。

　　本书充分反映高等教育特色，以培养技术应用能力为主线，以培养职业核心能力和创新能力为目标，强调针对性、实用性和实践性，突出基本概念、基本原理和基本方法，力求做到理论与实际相结合。

　　本书在编写过程中参阅和引用了一些院校优秀教材的内容，吸收了国内外众多同行专家的最新研究成果，在此谨向各位专家表示感谢。

　　由于编者水平有限，加上时间仓促，书中疏漏和不妥之处在所难免，衷心地希望广大读者批评指正。

编　者

目 录

绪　论

一、土力学、地基与基础的概念

意大利比萨斜塔(图 0-1)是意大利的著名建筑,因 1590 年著名物理学家伽利略在此塔上做自由落体实验而闻名于世。意大利比萨斜塔于 1173 年动工修建,工程曾间断两次,历经约 200 年才完工。目前,塔北侧沉降约 1 m,塔南侧沉降约 3 m,塔向南倾斜约 5.8°,与垂直线的水平距离达 5.27 m。一直以来,关于比萨斜塔倾斜的原因都有争议。进入 20 世纪,随着对比萨斜塔的测量越来越精确,人们使用各种先进设备对地基土层进行勘测,并对历史档案进行研究,终于确定了比萨斜塔倾斜的真正原因。比萨斜塔最初的设计是垂直于大地的,但比萨斜塔建设在深厚的高压缩性土之上,地基的不均匀沉降导致塔身的倾斜。由此可见,比萨斜塔整个建筑在设计上是不存在问题的,它之所以倾斜而成为危险的建筑是地基压缩性过高的原因。也就是说,不仅建筑结构主体的设计很重要,地基基础的设计同样重要。

任何建筑物都是建造在地面上的,而地面是由土组成的(岩石经风化、搬运、沉积而形成的松散的沉积物就是土)。研究土的应力、变形、强度和稳定性以及土与结构物相互作用等规律的一门力学分支称为土力学。受建筑物荷载的影响,建筑物下一定范围内的土层将产生应力和变形,应力和变形不可忽略的那部分地层称为地基。基础则是指建筑物向地基传递荷载的下部结构,位于上部结构和地基之间,其作用是把上部结构的荷载分布并传递到地基中。地基具有一定的深度与范围,基础以下的土层称为持力层,在地基范围内持力层以下的土层称为下卧层,如果下卧层的承载力低于持力层,称为软弱下卧层(图 0-2)。

图 0-1　比萨斜塔

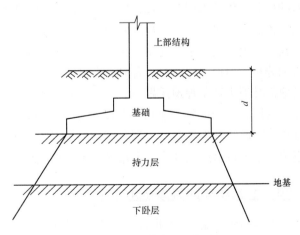

图 0-2　地基基础示意图

承载建筑物的地基应满足以下两方面的要求：

（1）要求作用于地基的荷载不超过地基的承载能力，保证地基在防止整体破坏方面有足够的安全储备。

（2）控制基础沉降使之不超过地基的变形允许值，保证建筑物不因地基变形而损坏或者影响其正常使用。

另外，还应要求基础结构本身具有足够的强度和刚度，在地基反力作用下不会发生强度破坏，并且对地基变形具有一定的调整能力。

具有较高的承载力及较低的压缩性的土可以作为良好的天然地基。当地基土软弱，工程性质较差，而建筑荷载较大，地基承载力和变形都不能满足上述两项要求时，需要对地基进行人工加固处理后才能作为建筑地基，这种地基称为人工地基。由于人工地基施工时间长，造价高，所以建筑物应尽量建造在天然地基上，以减少工程造价。

二、地基与基础的重要性

地基、基础是建筑物的根基，它们的勘测、设计和施工质量直接关系到建筑物的安全和正常使用。基础工程属于隐蔽工程，若地基基础设计和施工不当，轻则上部结构开裂、倾斜，重则建筑物倒塌，而且进行补强修复、加固处理及其困难。同时，由于基础的结构特点，其施工难度大、造价高，占建筑物总投资的 1/5 左右。因此，从技术角度看，研究地基与基础，对勘察、设计和施工具有重要的意义。

三、本课程的内容、特点和学习方法

本书主要内容：第一章至第四章主要讲述土力学基本知识；第五章讲述土压力与边坡稳定分析的知识；第六章讲述天然地基上浅基础的知识；第七章讲述桩基础的知识；第八章讲述地基处理知识；第九章讲述特殊土地基的知识。

土力学与地基基础是一门理论性与实用性很强的学科，它与建筑力学、建筑材料、建筑结构、工程地质、建筑施工技术等学科有着极为密切的联系，又涉及高等数学、物理、化学等方面的知识。因此，学习时应抓住重点，兼顾全面，在认真学好各门基础课以及相关专业课程的前提下，将本门课程各部分内容掌握牢固。除此之外，还必须认真学习国家颁布的相关工程技术规范，如《建筑地基基础设计规范》（GB 50007—2011）、《建筑桩基技术规范》（JGJ 94—2008）、《建筑地基处理技术规范》（JGJ 79—2012）等。

我国土地辽阔，幅员辽阔，由于自然环境不同，分布着多种不同的土类。天然土层的性质和分布，不但因地而异，即使在较小的范围内，也可能有很大的变化。因此，每一建筑场地都必须进行工程地质勘查，采取原状土样进行土工试验，以试验结果作为地基基础设计的依据。一个优质的地基基础设计方案更依赖于完整的地质资料和符合实际情况的周密分析。因此，学生在学习本课程时要特别注意理论联系实际，注意理论的适用条件和应用范围，不可盲目照搬硬套，要培养从实际出发分析问题和解决问题的能力。

四、土力学与地基基础的发展

土力学的研究始于 18 世纪工业革命时期。由于工业发展的需要，建筑的规模逐步扩大。同时，铁路发展起来后，路基修筑出现了一系列的问题，因此，最初的土力学理论多与解决路基问题有关。1773 年，法国的 C·A·库仑提出了著名的砂土抗剪强度公式，创立了计算挡土墙土压力的滑楔理论。90 多年后，英国的 W·J·M. 朗金又从不同途径提出了挡土墙土压力理论。另外，法国的 J·布辛奈斯克求得了弹性半无限体在竖向集中力作用下的应力和变形理论的解答，瑞典的 W·费兰纽斯提出了土坡稳定分析法。这些古典理论对土力学的发展起到了极大的推进作用，至今仍不失其实用价值。

系统地归纳和总结以往成就的是太沙基，他写了第一本内容广博的著作《土力学》。在这本书中，他阐明了土工试验与力学计算之间的关系，其中计算沉降的方法一直沿用至今。这本比较系统完整的科学著作的出现，带动了各国学者对本学科各个方面的探索。从此，土力学与地基基础就作为独立的学科而不断取得进展。因此，太沙基被公认为土力学的奠基人。

近几十年来，由于土木工程建设的需要，特别是电子计算机和计算技术的引入，土力学与地基基础得到了迅速的发展。目前，已经可以把变形和强度问题统一起来进行分析，并可以考虑土的非线性应力应变性状。基础分析已经从过去的单独分析计算发展到考虑地基基础与上部结构共同作用的整体分析。在土工试验方面，人们开创了许多新的测试技术和仪器设备，原位测试技术正日益受到重视。例如，静力触探、十字板剪切仪、分层沉降仪、测斜仪、孔隙水压力仪、土压力盒、离心模型试验等测量手段的出现，使人们能够更直观地掌握地基土的各种反应，为设计研究与施工提供了较准确的数据和资料。基础工程和地基处理技术，无论在理论上，还是在施工技术方面，都有了更快的发展，出现了如补偿式基础、桩筏基础、桩箱基础、巨型钢筋混凝土浮运沉井等新颖的基础形式。在地基处理方面，强夯法、砂井预压、真空预压、振冲法、旋喷法、深层搅拌法、树根桩及压力注浆法等，都是近几十年来创造和完善的新方法。另外，由于深基坑开挖支护工程的需要，出现了盾构、顶管、地下连续墙、深层搅拌水泥维护结构和锚杆支护等施工方法和新型支护结构形式。

土体是由固态土颗粒、水、气体组成的三相体系，性质复杂，再加上其生成历史的差异，使土力学与地基基础这门学科变得十分复杂。目前，该学科的理论虽比几十年前有了很大的进步，但仍有许多方面需要完善，要更确切地模拟和概括地基的受力性质和施工过程还有很大的困难。因此，土力学与地基基础仍然是一门发展中的学科，还有许多值得研究和探讨的问题。今后，必将产生新的理论、新的基础形式、新的施工工艺并日趋完善。

第一章 土的物理性质及工程分类

第一节 土的生成与组成

一、土的生成

"土"一词在不同的学科领域有其不同的含义。就土木工程领域而言，土是指覆盖在地表的没有胶结和弱胶结的颗粒堆积物。土与岩石的区分仅在于颗粒之间胶结的强弱。

地壳表面完整坚硬的岩石经过风化、剥蚀等外力作用而瓦解的碎块或矿物颗粒，再经过水流、风力、重力或冰川作用的搬运，在适当条件下，沉积形成各种类型的土。土体的形成和演化过程，就是土的性质和变化过程。岩石经过风化形成土，土经过搬运和沉积，然后经成岩作用又形成了岩石。

风化作用一般可分为物理风化、化学风化和生物风化。物理风化是指岩石经受风、霜、雨、雪的侵蚀，温度与湿度的变化、不均匀膨胀与收缩，使岩石产生裂隙，崩解为碎块。这种风化仅改变颗粒大小与形状，不改变原来的矿物成分，生成的土呈松散状态，无黏性土。化学风化是指岩石碎屑与空气、水和各种水溶液相接触，经氧化、碳化和水化作用，改变原来的矿物成分，形成新的矿物（次生矿物），生成的土为细粒土、黏性土。生物风化是指由动物、植物和人类对岩体的破坏而产生的风化作用。

土在地表分布极广，成因类型也很复杂。不同成因类型的沉积物，各具有一定的分布规律、地形形态及工程性质。下面简单介绍几种主要类型。

（一）残积物

残积物是残留在原地未被搬运的那一部分原岩风化剥蚀后的产物，而另一部分则被风和降水所带走。其分布受地形的控制。在宽广的分水岭上，由于地表水流速很小，风化产物能够留在原地，形成一定的厚度。平缓的山坡或低洼地带也常有残积物分布。

影响残积物工程地质特征的因素主要是气候条件和母岩的岩性。气候影响着风化作用类型，从而使不同气候条件、不同地区的残积土具有特定的粒度成分、矿物成分、化学成分。干旱地区：以物理风化为主，只能使岩石破碎成粗碎屑物和砂砾，缺乏黏土矿物，具有砾石类土和工程地质特征；半干旱地区：在物理风化的基础上发生化学变化，使原生的硅酸盐矿物变成黏土矿物，但由于雨量稀少，蒸汽量大，故土中常含有较多的可溶盐类，如碳酸钙、硫酸钙等；潮湿地区：在潮湿温暖而排水条件良好的地区，由于有机质迅速腐烂，分解出 CO_2，有利于高岭石的形成，而在潮湿温暖且排水条件差的地区，则往往形成蒙脱石。可见，从干旱地区、半干旱地区至潮湿地区，土的颗粒组成由粗变细；土的类型从砾石类土过渡到砂类土、黏土。母岩的岩性影响着残积土的粒度成分和矿物成分。残积物的厚度在垂直方向和水平方向变化较大，这主要与沉积环境、残积条件有关，山丘顶部因侵蚀而厚度较小，山谷低洼处则厚度较大。残积物一般透水性强，以致残积土中一般无地下水。

（二）坡积物

坡积物是雨、雪水流的地质作用将高处岩石风化产物缓慢地洗刷剥蚀，顺着斜坡向下逐渐移动，沉积在较平缓的山坡上而形成的沉积物(图 1-1)。其物质成分与斜坡上的残积物一致。坡积土体与残积土体往往呈过渡状态，其工程地质特征也很相似。

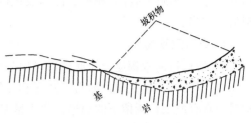

图 1-1　坡积物

坡积物随斜坡自上而下逐渐变缓，呈现由粗而细的分选现象，但层理不明显。其矿物成分与下卧积岩没有直接关系，这是它与残积物的明显区别。坡积物底部的倾斜度取决于下卧基岩面的倾斜程度，而其表面倾斜程度则与产生的时间有关，时间越长，搬运沉积在山坡下部的物质越厚，表面倾斜度也越小。坡积物在斜坡陡峭地段的厚度常较薄，而在坡脚地段的厚度则较厚。由于坡积物形成于山坡，故较易沿下卧基岩倾斜面产生滑动。因此，在坡积物上进行工程建设时，要考虑坡积物本身的稳定性和施工开挖后边坡的稳定性。

（三）洪积物

洪积物是碎屑物质经暴雨或大量融雪骤然集聚而成的暂时性山洪急流携带在山沟的出口处或山前倾斜平原堆积形成的洪积土体(图 1-2)。山洪携带的大量碎屑物质流出沟谷口后，因水流流速骤减而呈扇形沉积体，称为洪积扇。

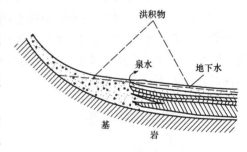

图 1-2　洪积物

洪积物离山区由近渐远，颗粒呈现由粗到细的分选作用，常具有不规则的交替层理构造，并具有夹层、尖灭或透镜体等构造。近山地带，洪积物具有较高的承载力，压缩性低；远山地带，洪积物颗粒较细、成分较均匀、厚度较大。洪积物一般可作为良好的建筑地基，但应注意中间过渡地带可能地质较差，因为粗碎屑土与细粒黏性土的透水性不同而使地下水溢出地表形成沼泽地带，且存在尖灭或透镜体。

（四）冲积物

冲积物是河流流水的地质作用将两岸基岩及其上部覆盖的坡积、洪积物质剥蚀后搬运、沉积在河流坡降平缓地带形成的沉积物。冲积物的特点是具有明显的层理构造。经过长时间的搬运过程，颗粒的磨圆度好。随着从上游到下游的流速逐渐减小，冲积物具有明显由粗到细的分选现象。上游冲积物多为粗大颗粒；中下游冲积物多为细小颗粒。

根据河流冲积物的形成条件，可分为河床相、河漫滩相、牛轭湖相及河口三角洲相。古河床相土压缩性低，强度较高，而现代河床堆积物的密实度较差，透水性强；河漫滩相冲积物具有双层结构，强度较好，但应注意其中的软弱土层夹层；牛轭湖相冲积物压缩性很高、承载力很低，不宜作为建筑物的天然地基；河口三角洲相冲积物常常是饱和的软黏土，承载力低，压缩性高，但三角洲冲积物的最上层常形成硬壳层，可作为低层或多层建筑物的地基。

（五）其他沉积物

除上述几种成因类型的沉积物外，还有海洋沉积物、湖泊沉积物、冰川沉积物和风积物等，它们分别因海洋、湖泊、冰川及风的地质作用而形成。下面简单介绍海洋沉积物和湖泊沉积物。

1. 海洋沉积物

（1）海洋按海水深度及海底地形可划分为滨海区、浅海区、陆坡区及深海区。

（2）滨海沉积物主要由卵石、圆砾和砂等组成，具有基本水平或缓倾斜的层理构造，在砂层中常有波浪作用留下的痕迹。作为地基，其承载力较高，但透水性较大。

（3）浅海沉积物主要由细粒砂土、黏性土、淤泥和生物化学沉积物（硅质和石灰质）组成。离海岸越远，沉积物的颗粒越小。其具有层理构造，较滨海沉积物疏松，含水量高、压缩性大而强度低。

陆坡和深海沉积物，主要是有机质软泥，成分均一。

2. 湖泊沉积物

湖泊沉积物可分为湖边沉积物和湖心沉积物两类。

（1）湖边沉积物是由湖浪冲蚀湖岸形成的碎屑物质在湖边沉积而形成的，近岸带多为粗颗粒的卵石、圆砾和砂土，远岸带为细颗粒的砂土和黏性土。湖边沉积物具有明显的斜层理构造，近岸带土的承载力高，远岸带则差些。

（2）湖心沉积物是由河流和湖浪携带的细小悬浮颗粒到达湖心后沉积形成的，主要是黏土和淤泥，常夹有细砂、粉砂薄层。湖心沉积物压缩性高，强度很低；若湖泊逐渐淤塞，则可演变为沼泽，形成沼泽土，主要由半腐烂的植物残体和泥炭组成，含水量极高，承载力极低，一般不宜作天然地基。

二、土的结构和构造

（一）土的结构

土颗粒之间的相互排列和联结形式称为土的结构。土的结构是在成土过程中逐渐形成的，它反映了土的成分、成因和年代对土的工程性质的影响。

土的结构按其颗粒的排列和联结形成可分为单粒结构、蜂窝状结构、絮状结构三种，如图 1-3 所示。

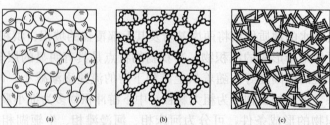

(a)　　　　　　　　　(b)　　　　　　　　　(c)

图 1-3　土的结构

(a)单粒结构；(b)蜂窝状结构；(c)絮状结构

1. 单粒结构

单粒结构是碎石土和砂土的结构特征。其特点是土粒之间没有联结存在，或联结非常微弱。单粒结构的紧密程度取决于矿物成分、颗粒形状、粒度成分和级配的均匀程度。

2. 蜂窝状结构

蜂窝状结构是以粉粒为主的结构特征，粒径为 0.002～0.02 mm 的土粒在水中沉积时，基本上是单个颗粒下沉，在下沉过程中碰上已沉积的土粒时，土粒的引力相对自重足够大，则颗粒停留在最初的接触位置上不再下沉，形成大空隙的蜂窝状结构。

3. 絮状结构

絮状结构是黏性土颗粒特有的结构，悬浮在水中的黏土颗粒当介质发生变化时，土粒互相聚合，形成絮状物下沉，沉积为大孔隙的絮状结构。

以上三种结构中，以密实的单粒结构工程性质最好，蜂窝状结构与絮状结构如被扰动破坏天然结构，则强度低，压缩性高，不可用作天然地基。

（二）土的构造

在同一土层中，土颗粒之间相互关系的特征称为土的构造。土的构造一般可分为层状构造、分散构造和裂隙状构造。其中，分散构造的工程性质最好，裂隙状构造因裂隙强度低、渗透性大，其工程性质差。

三、土的组成

土的物质成分包括作为土骨架的固态矿物颗粒、孔隙中的水与其溶解物质以及气体。因此，土是由固相、液相、气相组成的三相分散系。固相包括多种矿物成分组成土的骨架，骨架之间的空隙是由液相和气相填满，这些空隙是相互连通的，形成多孔介质；液相主要是水；气相主要是空气、水蒸气，有时还有沼气等。

（一）土中的固体颗粒

土是岩石风化的产物，因此，土的矿物组成取决于成土母岩的矿物组成及其后的风化作用。土的固相物质又称为土粒，包括无机矿物颗粒和有机质，是构成土的骨架最基本的物质。对土粒应从其矿物成分、颗粒的大小和形状来描述。

在自然界中存在的土，都是由大小不同的土粒组成的。

土粒的粒径由粗到细逐渐变化时，土的性质也相应地发生变化，例如，土的性质随着粒径的变细可由无黏性变化到有黏性。

将土中各种不同粒径的土粒，按适当的粒径范围，可分为若干粒组，各个粒组随着分界尺寸的不同而呈现出一定质的变化。划分粒组的分界尺寸称为界限粒径。粒径是指颗粒直径的大小。

土粒的大小及组成情况，通常以土中各个粒组的相对含量来表示，称为土的颗粒级配，见表 1-1。

表 1-1　粒组的划分

粒组名称	粒组范围 d/mm	粒组名称	粒组范围 d/mm
漂石(块石)粒组	>200	砂粒粒组	0.075～2
卵石(碎石)粒组	20～200	粉粒粒组	0.005～0.075
砾石粒组	2～20	粘粒粒组	<0.005

级配的测试方法有筛析法（> 0.075 mm）和比重计法（< 0.075 mm）。颗粒级配曲线，

用半对数坐标绘制。纵坐标表示小于某粒径的土粒含量；横坐标用对数坐标表示土粒粒径。在累计曲线上(图1-4)，可确定以下两个描述土的级配的指标：

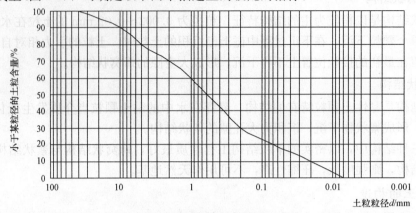

图1-4 颗粒级配曲线

不均匀系数：$C_u = d_{60}/d_{10}$，曲率系数：$C_c = d_{30}^2/d_{60} \times d_{10}$

式中 d_{60}(限定粒径)——小于该粒径的含量占总量的 60%；

d_{10}(有效粒径)——小于该粒径的含量占总量的 10%；

d_{30}(连续粒径)——小于该粒径的含量占总量的 30%。

不均匀系数 C_u 反映大小不同粒组的分布情况。C_u 越大，表示土粒大小的分布范围越大，其级配越良好，作为填方工程的土料时，则比较容易获得较大的密实度。曲率系数 C_c 描写累积曲线的分布范围，反映曲线的整体形状。曲线平缓，粒径大小相差悬殊，土粒不均匀。颗粒级配可以在一定程度上反映土的某些性质。对于级配良好的土，较粗颗粒之间的孔隙被较细的颗粒所填充，因而土的密实度较好，相应的地基土的强度和稳定性也较好，透水性和压缩性也较小，可用作堤坝或其他土建工程的填方土料。

(二) 土中的水

土中的水处于不同位置和温度条件下，可具有不同的物理状态——固态、液态、气态。液态水是土中孔隙水的主要存在状态，因其受土粒表面双电层影响程度的不同可分为结合水、毛细水、重力水。后两者也称为非结合水(自由水)。

1. 结合水

结合水是指受电分子吸引力吸附于土粒表面的土中水。由于细小土颗粒表面一般带有负电荷，使土粒周围形成电场，在电场范围内的水分子和水溶液中的阳离子一起被吸附在土粒表面。因为水分子是极性分子(其正、负电荷偏在分子的两端，不重合)，它被土粒表面电荷或溶液电荷吸引而定向排列(图1-5)。

结合水又可分为强结合水和弱结合水。强结合水相当于固定层中的水，而弱结合水则相当于扩散层中的水。

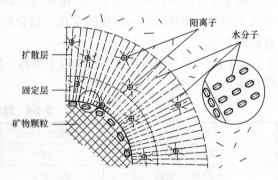

图1-5 结合水分子定向排列简图

（1）强结合水。紧靠土粒表面，受到吸引力最大。其特性是：显示固体的性质，具有极大的黏滞性、弹性和抗剪强度，不传递静水压力。黏土只含有强结合水时显示固体坚硬状态；砂土的强结合水含量极少，仅含强结合水的砂土呈散粒状态。

（2）弱结合水。紧靠强结合水的外侧，吸附力稍低，厚度稍大。其特性是：呈黏滞状态，不传递静水压力，不能自由流动，但有一定的活动能力。在较强的外电场作用下，薄膜水可以缓慢流动，自厚的部位向薄的部位移动，弱结合水对黏性土的性质影响最大。

2. 自由水

自由水是存在于土粒表面电场影响范围以外的水。它的性质和普通水一样，能传递静水压力，冰点为 0 ℃，有溶解能力。

自由水按其移动所受作用力的不同，可分为重力水和毛细水。

（1）重力水。重力水是存在于地下水水位以下的透水层中的地下水，它是在重力或压力差作用下运动的自由水，对土粒有浮力作用。

（2）毛细水。毛细水是受到水与空气交界处表面张力作用的自由水，毛细水存在于地下水水位以上的透水土层中。毛细水按其与地下水面是否联系可分为毛细悬挂水（与地下水无直接联系）和毛细上升水（与地下水相连）两种。

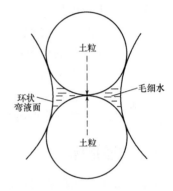

图 1-6 毛细水压力示意图

当土孔隙中局部存在毛细水时，毛细水的弯液面和土粒接触处的表面引力反作用于土粒，使土粒之间由于这种毛细压力而挤紧（图 1-6），土因而具有微弱的黏聚力，称为毛细黏聚力。

（三）土中的气体

土中的气体存在于土孔隙中未被水所占据的部位。

（1）自由气体。自由气体是指土的孔隙中与大气相连通的气体。当土体压缩时，自由气体逸出，对工程无很大影响。

（2）封闭气体。封闭气体与大气隔绝，以封闭气泡的形式存在于黏性土中，当土体压缩时，封闭气泡被压小。封闭气泡越多，土的压缩性就越大，工程性质越差；而且封闭气泡越多，土的透水性也会越差。

第二节　土的物理性质指标

三相比例指标是指三相物质在体积和质量上的比例关系。三相比例指标反映了土的干燥与潮湿、疏松与紧密，是评价土的工程性质的最基本的物理性质指标，也是工程地质勘察报告中不可缺少的基本内容。

定量研究三相之间的比例关系时，为了便于说明和计算，将三相体系中分散的土颗粒、水和气体分别集中在一起，并按适当的比例画一个土的三相图，如图 1-7 所示。

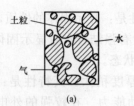

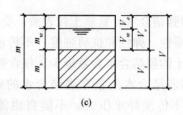

图 1-7　土的三相图

(a)实际土体；(b)土的三相图；(c)各相的质量与体积

总质量：$m = m_s + m_w$，总体积：$V = V_s + V_v = V_s + V_a + V_w$

式中　m_s——土粒质量；

m_w——土中水的质量；

m——土的总质量；

V_s——土粒体积；

V_w——土中水的体积；

V_a——土中气的体积；

V_v——土中孔隙体积；

V——土的总体积。

三相比例指标可分为两种：一种是试验指标(基本指标)；另一种是换算指标。

一、试验指标

土粒比重 G_S(土粒相对密度 d_S)、含水量 w、土的密度 ρ 被称为土的三项基本物理性指标。

1. 土粒比重 G_S(土粒相对密度 d_S)

(1)定义：土中固体矿物的质量与同体积纯水的质量的比值。

(2)公式：
$$G_S = \frac{m_s}{V_s \rho_w} \tag{1-1}$$

单位：无量纲

(3)常见值：砂土：2.65～2.69；黏性土：2.72～2.75；粉土：2.70～2.71。

2. 土的密度 ρ

(1)定义：单位体积土的质量。

(2)公式：
$$\rho = \frac{m}{V} \tag{1-2}$$

单位：g/cm³

(3)常见值：(1.6～2.2)g/cm³。

3. 土的含水量 w

(1)定义：土中水的质量与土粒质量之比。

(2)公式：
$$w = \frac{m_w}{m_s} \times 100\% \tag{1-3}$$

单位：无量纲

(3)常见值：砂土：(0～40)%；黏性土：(20～60)%。

二、换算指标

1. 特定条件下土的密度

(1)土的干密度（g/cm³）：土单位体积中固体颗粒部分的质量称为干密度。

$$\rho_d = \frac{m_s}{V} \tag{1-4}$$

(2)饱和密度（g/cm³）：土孔隙中充满水时的单位体积质量。

$$\rho_{sat} = \frac{m_s + V_v \rho_w}{V} \tag{1-5}$$

(3)土的浮密度（g/cm³）：地下水水位以下，土单位体积中土粒的质量与同体积水的质量之差。

$$\rho' = \frac{m_s - V_s \rho_w}{V} \tag{1-6}$$

2. 反映土体空隙体积相对大小的指标

(1)土的孔隙比：土中孔隙体积与土粒体积之比。

$$e = \frac{V_v}{V_s} \tag{1-7}$$

(2)土的孔隙率：土中孔隙所占总体积之比，用百分数表示。

$$n = \frac{V_v}{V} \times 100\% \tag{1-8}$$

(3)饱和度：土中水的体积与孔隙体积之比，用百分数表示。

$$S_r = \frac{V_w}{V_v} \times 100\% \tag{1-9}$$

饱和度可以反映土的干湿程度，砂土根据饱和度 S_r 的指标值可分为稍湿、很湿与饱和三种湿度状态。

三、各种物理性质指标之间的换算关系

土的三相比例指标之间可以互相换算，换算的媒介是土的三相图。根据三个试验指标，可以求得全面换算指标，也可以用某几个指标换算其他的指标，见表1-2。

表 1-2　土的三相比例指标换算公式

名词	符号	三相比例表达式	常用换算公式	单位
密度	ρ	$\rho = \dfrac{m}{V}$		g/cm³
重度	γ	$\gamma = \rho g$		kN/m³
土粒比重	G_S	$G_S = \dfrac{m_s}{V_s \rho_w}$		
含水量	w	$w = \dfrac{m_w}{m_s} \times 100\%$		%
干密度	ρ_d	$\rho_d = \dfrac{m_s}{V}$	$\rho_d = \dfrac{G_S}{1+e}$	g/cm³

名词	符号	三相比例表达式	常用换算公式	单位
干重度	γ_d	$\gamma_d = \rho_d g$	$\gamma_d = \dfrac{G_S}{1+e}g$	kN/m³
饱和密度	ρ_{sat}	$\rho_{sat} = \dfrac{m_s + V_v\rho_w}{V}$	$\rho_{sat} = \dfrac{\rho_w(G_S+e)}{1+e}$	g/cm³
饱和重度	γ_{sat}	$\gamma_{sat} = \dfrac{m_s + V_v\rho_w}{V}g$	$\gamma_{sat} = \dfrac{\gamma_w(G_S+e)}{1+e}$	kN/m³
浮密度	ρ'	$\rho' = \dfrac{m_s - V_s\rho_w}{V}$	$\rho' = \dfrac{G_S-1}{1+e}$	g/cm³
浮重度	γ'	$\gamma' = \dfrac{m_s - V_s\rho_w}{V}g$	$\gamma' = \dfrac{G_S-1}{1+e}g$	kN/m³
孔隙率	n	$n = \dfrac{V_v}{V}\times 100\%$	$n = \dfrac{e}{1+e}\times 100\%$	%
孔隙比	e	$e = \dfrac{V_v}{V_s}$	$e = \dfrac{d_s(1+w)\rho_w}{\rho}-1$	
饱和度	S_r	$S_r = \dfrac{V_w}{V_v}\times 100\%$	$S_r = \dfrac{wd_s}{e}$	%

【例1-1】 某一原状土样，经试验测得的基本试验指标值如下：密度 $\rho=1.67$ g/cm³，含水量 $w=12.9\%$，土粒比重 $d_s=2.67$，试求孔隙比 e、孔隙率 n、饱和度 S_r、干重度 γ_d、饱和重度 γ_{sat}、浮重度 γ'。

解：公式法

$$(1)\ e = \frac{d_s(1+w)\rho_w - 1}{\rho} = \frac{2.67\times(1+12.9\%)\times 1}{1.67} - 1 = 0.805$$

$$(2)\ n = \frac{e}{1+e}\times 100\% = \frac{0.805}{1+0.805}\times 100\% = 44.6\%$$

$$(3)\ S_r = \frac{wd_s}{e} = \frac{12.9\%\times 2.67}{0.805} = 43\%$$

$$(4)\ \gamma_d = \frac{d_s}{1+e}g = \frac{2.67}{1+0.805}\times 10 = 14.8(\text{kN/m}^3)$$

$$(5)\ \gamma_{sat} = \frac{d_s+e}{1+e}g = \frac{2.67+0.805}{1+0.805}\times 10 = 19.3(\text{kN/m}^3)$$

$$(6)\ \gamma' = \frac{d_s-1}{1+e}g = \frac{2.67-1}{1+0.805}\times 10 = 9.3(\text{kN/m}^3)$$

第三节　土的物理状态指标

一、无黏性土的密实度

无黏性土工程性质的好坏取决于密实度，无黏性土以砂土为代表。密实的砂土具有较高的强度和较低的压缩性，是良好的建筑物地基；但松散的砂土，尤其是饱和松散砂土，不仅强度低，且水稳定性很差，容易产生流砂、液化等工程事故。对砂土评价的主要问题是正确地划分其密实度，见表 1-3。土的密实度通常是指单位体积中固体颗粒充满的程度，密实度是反映无黏性土工程性质的主要指标。判别砂土的密实度有以下三种方法。

表 1-3　砂土密实度具体划分标准

标准贯入试验锤击数 $N_{63.5}$	$N_{63.5} \leqslant 10$	$10 < N_{63.5} \leqslant 15$	$15 < N_{63.5} \leqslant 30$	$N_{63.5} > 30$
密实度	松散	稍密	中密	密实

（一）相对密实度 D_r

$$D_r = \frac{e_{\max} - e}{e_{\max} - e_{\min}} \tag{1-10}$$

式中　e——土在天然状态下的孔隙比；

$e_{\min}(e_{\max})$——土在最密实（最松散）状态下的孔隙比。$e_{\min}$ 用"振击法"测定，$e_{\max}$ 用"松散器法"测定。

$D_r = 0$ 时，土处于最松散状态；$D_r = 1$ 时，土处于最密实状态。其中，$0.67 < D_r \leqslant 1$ 为密实；$0.33 < D_r \leqslant 0.67$ 为中密；$0 < D_r \leqslant 0.33$ 为松散。

优点：理论上完善。

缺点：实际上难以操作。

（二）孔隙比 e

孔隙比可以用来衡量砂土的密实度。对于同一种土，当孔隙比小于某一限度时，处于密实状态。孔隙比越大，土越松散。

优点：简单方便。

缺点：无法反映土的级配因素。

（三）标准贯入锤击数 $N_{63.5}$

标准贯入试验是用规定的 63.5 kg 锤，升到 76 cm 高，自由落下，使标准贯入器打入土中，计入贯入土深度 30 cm，所需锤数为 $N_{63.5}$ 的原位测试方法。

二、黏性土的物理状态指标

（一）黏性土的界限含水量

黏性土由一种状态转到另一种状态的分界含水量，叫作界限含水量。黏性土由于其含水量的不同，而分别处于固态、半固态、可塑态及流动态(图 1-8)。当含水量很大时，土是一种黏滞流动的液体即泥浆，称为流动态；随着含水量逐渐减少，黏滞流动的特点渐渐消失而显示出塑性，称为可塑态；当含水量继续减少时，则发现土的可塑性逐渐消

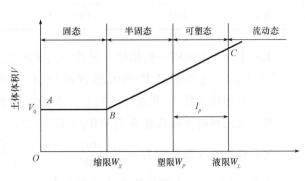

图 1-8　黏性土的界限含水量

失，从可塑态变为半固态。如果同时测定含水量减少过程中的体积变化，则可发现土的体积随着含水量的减少而减小，但当含水量很小的时候，土的体积却不再随含水量的减少而减小了，这种状态称为固体状态。

液限 W_L：流动态与可塑态间的分界含水量。

塑限 W_P：可塑态与半固态间分界含水量。

缩限 W_S：半固态与固态间的分界含水量。

（二）塑限与液限的测定

塑限 W_P 可采用搓条法测定。将塑性状态的土在毛玻璃板上用手搓条，在缓慢的、单方向的搓动过程中土膏内的水分渐渐蒸发，如搓到土条的直径为 3 mm 左右时断裂为若干段，则此时的含水量即塑限 W_P。此方法技术难度较大，不易掌握，现在多用光电式液塑限联合仪测定。

液限 W_L 可采用平衡锥式液限仪测定。平衡锥质量为 76 g，锥角为 30°。试验时使平衡锥在自重作用下沉入土膏，当 15 s 内正好沉入深度 10 mm 时的含水量即液限 W_L。

（三）塑性指数和液性指数

1. 塑性指数

可塑性是黏性土区别于砂土的重要特征。黏性土液限与塑限的差值称为塑性指数。

$$I_P = W_L - W_P \tag{1-11}$$

塑性指数习惯上用不带％的数值表示，但两种界限的含水量均以百分数表示。

塑性指数反映黏性土可塑性的大小，塑性指数相近的黏性土，一般具有相近的物理性质。

2. 液性指数

土的天然含水量与塑限的差除以塑性指数称为液性指数。

$$I_L = \frac{w - W_P}{W_L - W_P} = \frac{w - W_P}{I_P} \tag{1-12}$$

液性指数是划分黏性土软硬程度的物理性质指标，见表 1-4。液性指数越大，土质越软。

表 1-4　黏性土的状态

液性指数 I_L	$I_L \leqslant 0$	$0 < I_L \leqslant 0.25$	$0.25 < I_L \leqslant 0.75$	$0.75 < I_L \leqslant 1$	$I_L > 1$
状态	坚硬	硬塑	可塑	软塑	流塑

工程中与土有关的一些指标：黏性土的灵敏度、触变性、崩解性等。

【例 1-2】 某黏性土样的天然含水量 $w = 19.3\%$，液限 $W_L = 28.3\%$，塑限 $W_P = 16.7\%$。求塑性指数 I_P 和液性指数 I_L，并确定该土状态。

解： 该土样的塑性指数为 $I_P = W_L - W_P = 28.3 - 16.7 = 11.6$

该土样的液性指数为 $I_L = \dfrac{w - W_P}{W_L - W_P} = \dfrac{19.3 - 16.7}{28.3 - 16.7} = 0.224$

查表 1-4 知，该土样的状态为硬塑状态。

第四节 土的工程分类

地基土(岩)分类的任务是根据分类用途和土(岩)的各种性质的差异将其划分为一定的类别。

土(岩)的合理分类具有重大的实际意义,例如,根据分类名称可以大致判断土(岩)的工程特性、评价土(岩)作为建筑材料的适宜性以及结合其他指标来确定地基的承载力等。根据土的工程地质性质,土可分为一般土和特殊土两大类。一般土可划分为碎石类土、砂类土、粉土、黏性土等,对于一般土,在野外要直接区分出无黏性土和黏性土;特殊土可划分为黄土、红黏土、膨胀土、软土、盐渍土、多年冻土、填土等。《建筑地基基础设计规范》(GB 50007—2011)规定,作为建筑地基的岩土,可分为岩石、碎石土、砂土、粉土、黏性土和人工填土。

一、岩石

岩石是颗粒之间牢固联结、呈整体或具有节理裂隙的岩体。岩石按成因可分为岩浆岩、沉积岩和变质岩;按风化程度可分为未风化、微风化、中等风化、强风化和全风化;按坚硬程度可分为坚硬岩、较硬岩、较软岩、软岩、极软岩。岩石坚硬程度的定量划分,采用岩石的饱和单轴抗压强度指标,见表1-5 。

表 1-5 岩石坚硬程度的划分

坚硬程度类别	坚硬岩	较硬岩	较软岩	软岩	极软岩
饱和单轴抗压强度标准值 f_{rk}/MPa	$f_{rk}>60$	$60 \geqslant f_{rk}>30$	$30 \geqslant f_{rk}>15$	$15 \geqslant f_{rk}>5$	$f_{rk} \leqslant 5$

二、碎石土

碎石土为粒径大于 2 mm 的颗粒含量超过全重 50% 的土。碎石土可按表 1-6 分为漂石、块石、卵石、碎石、圆砾和角砾。

表 1-6 碎石土的分类

土的名称	颗粒形状	粒组含量
漂石 块石	圆形及亚圆形为主 棱角形为主	粒径大于 200 mm 的颗粒含量超过全重 50%
卵石 碎石	圆形及亚圆形为主 棱角形为主	粒径大于 20 mm 的颗粒含量超过全重 50%
圆砾 角砾	圆形及亚圆形为主 棱角形为主	粒径大于 2 mm 的颗粒含量超过全重 50%
注:分类时应根据粒组含量栏从上到下以最先符合者确定。		

三、砂土

砂土为粒径大于 2 mm 的颗粒含量不超过全重 50%、粒径大于 0.075 mm 的颗粒含量超过全重50％的土。砂土可按表1-7分为砾砂、粗砂、中砂、细砂和粉砂。

表 1-7　砂土的分类

土的名称	粒组含量
砾　砂	粒径大于 2 mm 的颗粒含量占全重的 25％～50％
粗　砂	粒径大于 0.5 mm 的颗粒含量超过全重的 50％
中　砂	粒径大于 0.25 mm 的颗粒含量超过全重的 50％
细　砂	粒径大于 0.075 mm 的颗粒含量超过全重的 85％
粉　砂	粒径大于 0.075 mm 的颗粒含量超过全重的 50％

注：分类时应根据粒组含量栏从上到下以最先符合者确定。

四、粉土

粉土为介于砂土与黏性土之间，塑性指数（I_P）小于或等于10且粒径大于0.075 mm 的颗粒含量不超过全重50％的土。

五、黏性土

黏性土为塑性指数 I_P 大于10的土，可按表1-8分为黏土、粉质黏土。

表 1-8　黏性土的分类

塑性指数 I_P	土的名称
$I_P > 17$	黏　土
$10 < I_P \leqslant 17$	粉质黏土

注：塑性指数由相应于76 g 圆锥体沉入土样中深度为10 mm 时测定的液限计算而得。

六、人工填土

人工填土是指由人类活动而堆填的土。其物质成分较杂，均匀性较差。人工填土根据其组成和成因，可分为素填土、压实填土、杂填土、冲填土。素填土为由碎石土、砂土、粉土、黏性土等组成的填土；经过压实或夯实的素填土为压实填土；杂填土为含有建筑垃圾、工业废料、生活垃圾等杂物的填土；冲填土为由水力冲填泥砂形成的填土。

七、特殊土

1. 淤泥、淤泥质土

淤泥为在静水或缓慢的流水环境中沉积，并经生物化学作用形成，其天然含水量大于液限、天然孔隙比大于或等于1.5的黏性土；天然含水量大于液限而天然孔隙比小于1.5但大于或等于1.0的黏性土或粉土称为淤泥质土。

2. 红黏土

红黏土为碳酸盐岩系的岩石经红土化作用形成的高塑性黏土。其液限一般大于50％。红黏土经再搬运后仍保留其基本特征，液限大于45％的土为次生红黏土。

3. 膨胀土

膨胀土为土中黏粒成分主要由亲水性矿物组成，同时具有显著的吸水膨胀和失水收缩特性，其自由膨胀率大于或等于 40% 的黏性土。

4. 湿陷土

湿陷土为在一定压力下浸水后产生附加沉降，其湿陷系数大于或等于 0.015 的土。

本章小结

本章主要讨论了土的物质组成成分以及定性、定量描述其物质组成的方法，包括土的三相组成、土的三相指标、土的结构和构造、黏性土的界限含水量、砂土的密实度和土的工程分类等。这些内容是学习土力学原理和基础工程设计与施工技术所必需的基本知识，也是评价土的工程性质、分析与解决土的工程技术问题时讨论的最基本内容。

思考与练习

1. 土由哪几部分组成？土中三相比例的变化对土的性质有什么影响？

2. 土中的水有几种？结合水与自由水的性质有什么不同？

3. 土的三相指标有哪些？哪些指标可直接测定？哪些指标可由换算得到？

4. 什么是土的粒径级配？粒径级配曲线的纵坐标表示什么？

5. 什么是液性指数？如何应用液性指数 I_L 来评价土的工程性质？什么是硬塑、软塑状态？

6. 地基土分为哪几类？分类的依据分别是什么？

7. 从一原状土样中取出一试样，由试验测得其质量为 95.15 g，体积为 50 cm³，天然含水率为 26.8%，相对密度为 2.67，试求天然密度、孔隙比、孔隙率、饱和度和干密度。

8. 从一原状土样中取出一试样，干密度为 1.54 g/cm³，天然含水率为 19.3%，相对密度为 2.71，试求天然密度、孔隙比、孔隙率。

9. 某黏性土的天然含水量 $w = 19.1\%$，液限 $W_L = 27.9\%$，塑限 $W_P = 16.5\%$。求塑性指数 I_P 和液性指数 I_L，并确定该土状态。

第二章 地基应力计算

第一节 概 述

地基土中应力是指土体在自身重力、建筑物和构筑物荷载，以及其他因素作用下，土中产生的应力。土中应力过大，会使土体因强度不够而发生破坏，甚至使土体发生滑动而失去稳定。土中应力的增加还能引起土体变形，使建筑物发生沉降、倾斜以及水平位移。

地基土中应力按其产生的原因可分为自重应力和附加应力。由于土受到自重作用而在地基内产生的应力叫作自重应力。由于受到建筑物荷载、基坑开挖、人工降水等外部作用，在地基土内产生的应力叫作附加应力。在附加应力作用下，地基土将产生压缩变形，引起基础沉降，由于建筑物荷载差异和地基土的不均匀沉降等，基础各部分的沉降往往是不均匀的，当不均匀沉降超过一定限度时，建筑物将开裂、倾斜或者破坏。土的压缩性将在第三章详细阐述。对土中附加应力进行简化分析时，可将荷载看作作用在半无限体的表面，并假定地基土是均匀的、各向同性的弹性体，并采用弹性力学的有关理论进行计算。这虽然与地基土实际性质不完全一致，但工程上认为其误差可以接受。

土一般不能承受拉力，在土中出现拉力的情况很少。规定法向应力以压应力为正，以拉应力为负，与一般固体力学中符号的规定相反。剪应力的正负号规定是：当剪应力作用面上的法向应力方向与坐标轴的正方向一致时，则剪应力的方向与坐标轴正方向一致时为正，反之为负；若剪应力作用面上的法向应力方向与坐标轴正方向相反时，则剪应力的方向与坐标轴正方向相反时为正，反之为负。

第二节 自重应力的计算

一、竖向自重应力的计算

计算土中自重应力时，一般假定天然地面为一无限大的水平面，将土体在任意深度处水平面上各点的自重应力视为均匀相对且无限分布；任何竖直面均视为对称面，根据剪应力互等定理，对称面上均质土体中的剪应力均等于 0，则作用在地基任意深度处的自重应力就等于单位面积上土柱的重力(图 2-1)。若假设地面下 z 深度内均质土的重度为 γ，则单位面积上土的竖向自重应力为

$$\sigma_{cz} = \frac{G}{A} = \frac{\gamma A z}{A} = \gamma z \tag{2-1}$$

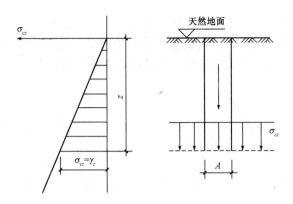

图 2-1　匀质土的自重应力

式中　σ_{cz}——天然地面以下 z 深度处的自重应力(kPa);

　　　G——单位土柱的重力(kN);

　　　A——土柱的底面面积(m^2);

　　　γ——土的天然重度(kN/m^3)。

天然地基土一般是由若干不同土质的成层土组成的。其原因是土在形成过程中,沉积条件以及地理环境的改变而导致地基土的性质不同。例如,地基由 n 层土组成,则天然地面以下任意深度处的竖向自重应力为

$$\sigma_{cz} = \gamma_1 h_1 + \gamma_2 h_2 + \cdots + \gamma_n h_n = \sum_{i=1}^{n} \gamma_i h_i \tag{2-2}$$

式中　σ_{cz}——天然地面以下 z 深度处的自重应力(kPa);

　　　n——深度 z 范围内的土层总数;

　　　h_i——第 i 层土的厚度(m);

　　　γ_i——第 i 层土的天然重度,地下水水位以下的土层取浮重度 γ_i(kN/m^3)。

自重应力的分布规律:在均质地基中,竖向自重应力沿地基深度呈线性三角形分布,如图 2-1 所示,即土中自重应力的数值大小是与土层厚度 z 成正比的,而地基任意深度同一水平面上的自重应力呈均匀分布。当地基由成层土组成时,土的竖向自重应力随深度的增加而增大,其应力分布图形呈折线型(图 2-2),地下水水位以下的自重应力应减去土层所受到的浮力。

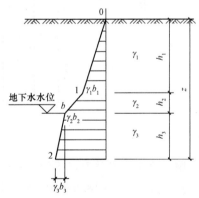

图 2-2　成层土中自重应力

从自重应力分布曲线的变化规律可知:

(1)自重应力随深度的增加而增加。

(2)土的自重应力分布曲线是一条折线,拐点在土层交界处和地下水水位处。

(3)同一层土的自重应力按直线变化。

通常情况下,土的自重应力不会引起地基的变形,因为自然界中的天然土层一般形成年代久远,早已稳定。但对于近期沉积或堆积的土层,在自重应力作用下会产生地基变形。另外,地下水水位的升降会引起土中自重应力的变化(图 2-3)。例如,在软土地区,常因大

量抽取地下水,使地下水水位大幅度下降,导致地基中原地下水水位以下的有效应力增加,而造成地表大面积下沉,其上的建筑物会产生附加沉降。地下水水位上升,将会导致地基土的湿陷、膨胀和地基承载力的降低等问题出现,必须重视起来。

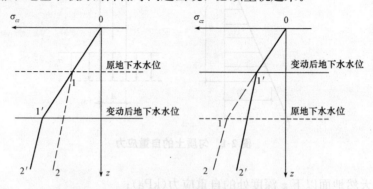

图 2-3　地下水水位升降对土中自重应力的影响

(a)地下水水位下降;(b)地下水水位上升

0—1—2 线为原来自重应力的分布;

0—1′—2′线为地下水水位变动后自重应力的分布

【**例 2-1**】　某地基的地质柱状图和土的相关指标列于图 2-4 中。试计算水位面及地面下深度为 5 m 和 7 m 处的土的自重应力,并绘制出分布图。

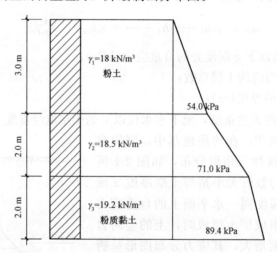

图 2-4　例 2-1 图

解:地下水水位面以下粉土和粉质黏土的浮重度分别为

$$\gamma_2' = \gamma_{2sat} - \gamma_w = 18.5 - 10 = 8.5 (kN/m^3)$$

$$\gamma_3' = \gamma_{3sat} - \gamma_w = 19.2 - 10 = 9.2 (kN/m^3)$$

地下水水位处:

$$\sigma_{cz1} = \gamma_1 h_1 = 18 \times 3 = 54 (kPa)$$

粉土层底面处($z = 5$ m)

$$\sigma_{cz2} = \gamma_1 h_1 + \gamma_2' h_2 = 54 + 17 = 71 (kPa)$$

粉质黏土层底面处($z = 7$ m)

$$\sigma_{cz3} = \gamma_1 h_1 + \gamma_2' h_2 + \gamma_3' h_3 = 71 + 18.4 = 89.4(kPa)$$

自重应力沿深度的分布如图 2-4 所示。

二、水平向自重应力

地基中除存在作用于水平面上的竖向自重应力外，还存在作用于竖直面上的水平向自重应力 σ_{cx} 和 σ_{cy}，根据弹性力学和土体的侧限条件，可得

$$\sigma_{cx} = \sigma_{cy} = K_0 \sigma_{cz} \tag{2-3}$$

式中　K_0——土的侧压力系数，可通过试验求得，无试验资料时可按经验公式推算。

第三节　基底压力的计算

一、基底压应力的分布

建筑物荷载是通过基础传递给地基的，基础压应力就是基础底面与地基接触面积上的压应力，简称基底压力。基底压力又称为接触压力，它是建筑物的荷载通过基础传递给地基的压力，也是地基作用于基础底面的反力。

由试验及弹性理论可知，基底压应力的分布与基础刚度及基底平面形状、作用在基础上的荷载大小及分布、地基土的性质及基础埋深等因素有关。若基础刚度很小，可视为柔性基础。在竖向荷载作用下没有抵抗弯曲变形的能力，基础将随着地基一起变形，所以当基础中心受压时，基底压力呈均匀分布(图 2-5)。刚性基础本身刚度远大于土的刚度，地基与基础的变形协调一致，因此，中心受压刚性基础置于硬黏性土层上时，由于硬黏性土不容易发生土颗粒侧向挤出，基底压力为马鞍形分布［图2-6(a)］。如将刚性基础置于砂土表面上，由于基础边缘的砂粒容易朝侧向挤出，基底压力呈抛物线分布［图 2-6(b)］。如果将作用于刚性基础上的荷载加大，当地基接近破坏荷载时，应力图形又变为钟形［图 2-6(c)］。

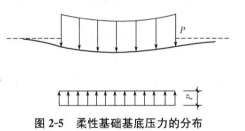

图 2-5　柔性基础基底压力的分布

一般建筑物基础的刚度介于柔性和刚性之间，基底压力的分布仍是不均匀的。由于目前没有精确简便的计算方法，一般采用简化计算方法。

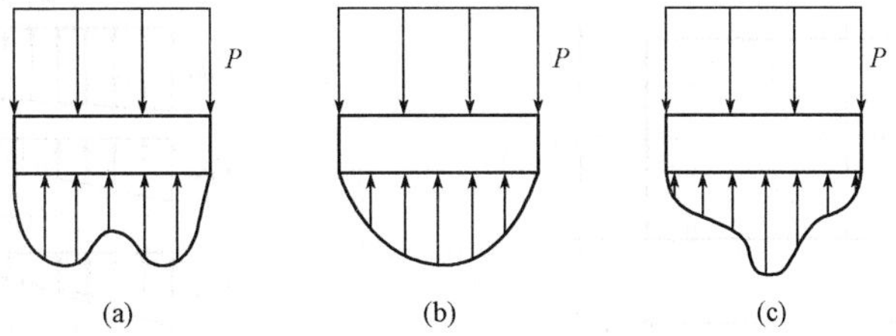

图 2-6　刚性基础基底压力的分布
(a)马鞍形；(b)抛物线；(c)钟形

二、基底压力的计算

(一)中心受压基础

矩形基础在中心荷载作用下,基底压力假设为均匀分布(图 2-7),其平均压力值按下式计算:

$$P=\frac{F+G}{A} \qquad (2-4)$$

式中 P——基础底面压力(kPa);

F——上部结构传至基础顶面的竖向力(kN);

G——基础及其上填土的重量(kN),其中土的重度一般取 20 kN/m³;

A——基础底面的面积(m²)。

对于条形基础,且荷载沿长度方向均匀分布,则沿长度方向取 1 m 计算,b 为基础宽度,即

$$P=\frac{F+G}{b} \qquad (2-5)$$

(二)偏心受压基础

对于单向偏心荷载下的矩形基础(图 2-8),设计时通常基底长边方向与偏心方向一致,此时,两短边边缘最大压力设计值和最小压力设计值按材料力学知识可知,受压计算公式为

$$P_{\substack{\max \\ \min}}=\frac{F+G}{A}\pm\frac{M}{W}=\frac{F+G}{A}\left(1\pm\frac{6e}{l}\right) \qquad (2-6)$$

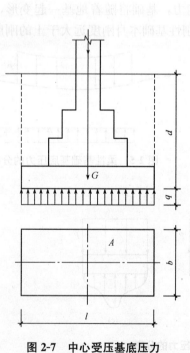

图 2-7　中心受压基底压力

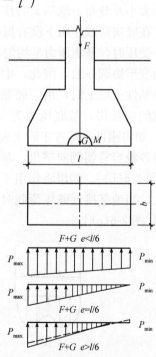

图 2-8　偏心荷载受压基底压力

式中　$P_{\max}$,$P_{\min}$——基础边缘的最大压力和最小压力(kPa);

e——偏心距(m);

M——作用于基础底面的力矩(kN·m);

W——基础底面的抵抗矩(m^3)；

l——矩形基础的长度(m)；

b——矩形基础的宽度(m)。

由图 2-8 可以看出：

(1)当 $e<\dfrac{l}{6}$，$P_{min}>0$，基底压力呈梯形分布。

(2)当 $e=\dfrac{l}{6}$，$P_{min}=0$，基底压力呈三角形分布。

(3)当 $e>\dfrac{l}{6}$，$P_{min}<0$，由于基底与地基之间不能承受拉力，此时基底与地基局部脱开，而使基底压力重新分布。

根据静力平衡条件，偏心力$(F+G)$应与三角形反力分布图的形心重合并与其合力相等，因此可以得到基础边缘的最大压力 P_{max} 为

$$P_{max}=\frac{2(F+G)}{3ab} \tag{2-7}$$

式中 a——单向偏心荷载作用点至基底最大压力边缘的距离(m)，$a=l/2-e$。

（三）基底附加应力

建筑物在建造之前，土中早已存在自重应力。如果基础砌筑在天然地面上，那么全部基底压力就是新增加于地基表面的基底附加应力，即基底附加应力是指由建筑物荷载引起的基础底面每平方米上的压力。一般情况下，天然土层在自重应力作用下的变形早已结束，因此只有基底附加应力才能引起地基的附加应力和变形。

实际上，基础总是埋置在天然地面下一定深度，该处的自重应力由于开挖基坑而卸除。因此，建筑物建造后的基底压力中扣除基底标高处原有的土中自重应力后，才是基底平面处新增加于地基的基底附加应力，公式如下：

$$P_0=P-\sigma_{cz}=P-\gamma_m d \tag{2-8}$$

式中 P_0——基础底面平均附加压力(kPa)；

P——基础平均压力(kPa)；

σ_{cz}——基础底面处的自重应力(kPa)；

d——基础埋深，一般从天然地面算起，对于新填土场地，从原天然地面算起(m)；

γ_m——基底标高以上土的加权平均重度(kN/m^3)，$\gamma_m=(\gamma_1 h_1+\gamma_2 h_2+\cdots+\gamma_n h_n)/(h_1+h_2+\cdots+h_n)$，地下水水位以下取浮重度。

第四节　地基附加应力的计算

地基附加应力是指建筑物荷载在土体中引起的附加于原有应力之上的应力。其计算方法一般假定地基土为各向同性、均质的线性变形体，而且在深度和水平方向上都是无限延伸的，即将地基看作均质的线性变形半空间，这样就可以利用弹性力学理论求解。

一、竖向集中力下的地基附加应力

当有集中力 F 作用于半空间弹性体表面时，半空间弹性体内任意一点 $M(x，y，z)$ 产

生的应力和位移已由法国学者布辛奈斯克在 1885 年用弹性理论求得(图 2-9)。由于在建筑工程中,建筑物荷载主要以竖向荷载为主,而对基础沉降计算意义最大的是竖向应力。因此,任意一点 M 处的竖向附加应力 σ_z 的表达式为

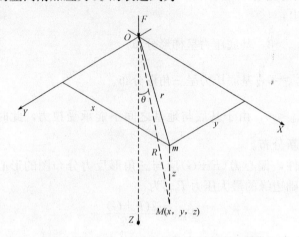

图 2-9 竖向集中力作用下土中的附加应力

$$\sigma_z = \frac{3F}{2\pi} \times \frac{z^3}{R^5} = K \frac{F}{z^2} \tag{2-9}$$

式中 F——作用于坐标原点 O 的竖向集中荷载(kN);

         z——M 点的深度(m);

         R——集中荷载作用点(即坐标原点 O)至 M 点的直线距离(m);

$$R = \sqrt{x^2 + y^2 + z^2} = \sqrt{r^2 + z^2}$$

         r——集中荷载作用点至计算点 M 在 OXY 平面上投影点的距离(m);

         K——集中荷载作用下土的竖向附加应力系数,可查表 2-1。

表 2-1   集中荷载作用下土中竖向附加应力系数 K

r/z	K	r/z	K	r/z	K	r/z	K	r/z	K
0	0.447 5	0.45	0.301 1	0.90	0.108 3	1.35	0.035 7	2.00	0.008 5
0.05	0.474 5	0.50	0.273 3	0.95	0.095 6	1.40	0.031 7	2.10	0.007 0
0.10	0.465 7	0.55	0.246 6	1.00	0.084 4	1.45	0.028 2	2.30	0.004 8
0.15	0.451 6	0.60	0.221 4	1.05	0.074 4	1.50	0.025 1	2.50	0.003 4
0.20	0.432 9	0.65	0.197 8	1.10	0.065 8	1.55	0.022 4	3.00	0.001 5
0.25	0.410 3	0.70	0.176 2	1.15	0.058 1	1.60	0.020 0	3.50	0.000 7
0.30	0.384 9	0.75	0.156 5	1.20	0.051 3	1.70	0.016 0	4.00	0.000 4
0.35	0.357 7	0.80	0.136 0	1.25	0.045 4	1.80	0.012 9	4.50	0.000 2
0.40	0.329 4	0.85	0.122 6	1.30	0.040 2	1.90	0.010 5	5.00	0.000 1

【例 2-2】 在地基表面作用一个集中力 $P = 400$ kN,试求:(1)沿地基深度 $z = 2$ m 水平面上,水平距离 $r = 0$、1、2、3、4(m)处各点的附加应力,并绘出应力分布图;(2)求集中力作用线(即 $r = 0$)距地基表面 $z = 0$、1、2、3、4(m)处各点的附加应力,并绘出应力分布图。

解：（1）分别计算地基 $z=2\,\text{m}$ 水平面上各点的附加应力 σ_z，并将计算过程与计算结果列于表 2-2 中，其应力分布图如图 2-10 所示。

表 2-2　计算过程与计算结果

z/m	R/m	r/z	k	$\sigma_z=P/z^2/\text{kPa}$
2	0	0	0.477 5	47.75
2	1	0.5	0.273 3	27.33
2	2	1.0	0.084 4	8.44
2	3	1.5	0.025 1	2.51
2	4	2.0	0.008 5	0.85

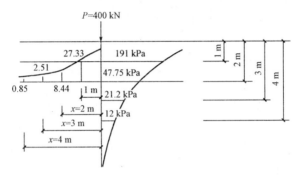

图 2-10　例 2-2 图

（2）将地基中 $r=0$ 竖向线上各计算点的附加应力 σ_z 的计算过程与计算结果列于表 2-3 中，其应力分布图如图 2-10 所示。

表 2-3　计算过程与计算结果

z/m	R/m	r/z	k	$(\sigma_z=Kp/z^2)/\text{kPa}$
0	0	0	0.477 5	∞
1	0	0	0.477 5	191.0
2	0	0	0.477 5	47.75
3	0	0	0.477 5	21.20
4	0	0	0.477 5	12.00

由图可以归纳出地基中附加应力的分布规律：

1）在地基任意深度同一水平面上的附加应力不相等，基底中心线上应力值最大，两侧逐渐减小。

2）地基附加应力随土层深度的增加而逐渐减小，但压力扩散的范围也越广。

二、矩形面积上作用均布荷载时的地基附加应力

（一）角点处土中竖向应力的计算

如图 2-11 所示，设地基表面有一长度为 l、宽度为 b 的矩形荷载面，作用其上的竖向均布荷载为 P。以矩形荷载的角点为坐标原点，在矩形面积内取一微面积 $\text{d}x\text{d}y$。将此微小面

积上的均布荷载以集中力 $P\mathrm{d}x\mathrm{d}y$ 代替，然后利用公式(2-9)，可求得 $\mathrm{d}F$ 在角点下任意深度 z 处 M 点所引起的竖向附加应力 $\mathrm{d}\sigma_z$ 为

$$\mathrm{d}\sigma_z = \frac{3pz^3}{2\pi}\frac{1}{(x^2+y^2+z^2)^{5/2}}\mathrm{d}x\mathrm{d}y$$

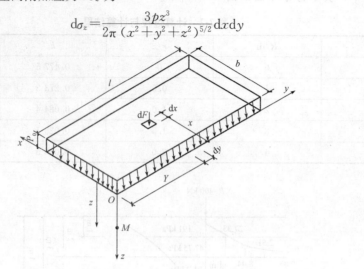

图 2-11 矩形面积在均布荷载作用下角点处竖向应力

则在矩形面积均布荷载 P 作用下，土中 M 点的竖向应力可以通过在基底面面积范围内进行积分求得，经过整理，即

$$\sigma_z = \iint_A \mathrm{d}\sigma_z = \frac{3z^3}{2\pi}P\int_0^l\int_0^b\frac{1}{(x^2+y^2+z^2)^{5/2}}\mathrm{d}x\mathrm{d}y = \alpha P_0 \qquad (2\text{-}10)$$

式中 α——矩形面积均布荷载作用角点下的竖向附加应力系数，简称角点应力系数，可按

$\dfrac{l}{b}$ 和 $\dfrac{z}{b}$，通过表 2-4 查得；

P_0——基底附加压力(kPa)。

表 2-4 矩形面积均布荷载角点下的竖向应力系数 α

z/b	l/b											
	1.0	1.2	1.4	1.6	1.8	2.0	3.0	4.0	5.0	6.0	10	条形
0.0	0.250	0.250	0.250	0.250	0.250	0.250	0.250	0.250	0.250	0.250	0.250	0.250
0.2	0.249	0.249	0.249	0.249	0.249	0.249	0.249	0.249	0.249	0.249	0.249	0.249
0.4	0.240	0.242	0.243	0.243	0.243	0.244	0.244	0.244	0.244	0.244	0.244	0.244
0.6	0.223	0.228	0.230	0.232	0.232	0.233	0.234	0.234	0.234	0.234	0.234	0.234
0.8	0.200	0.207	0.212	0.215	0.216	0.218	0.220	0.220	0.220	0.220	0.220	0.220
1.0	0.175	0.185	0.191	0.195	0.198	0.200	0.203	0.204	0.204	0.204	0.205	0.205
1.2	0.152	0.163	0.171	0.176	0.179	0.182	0.187	0.188	0.189	0.189	0.189	0.189
1.4	0.131	0.142	0.151	0.157	0.161	0.164	0.171	0.173	0.174	0.174	0.174	0.174
1.6	0.112	0.124	0.133	0.140	0.145	0.148	0.157	0.159	0.160	0.160	0.160	0.160
1.8	0.097	0.108	0.117	0.124	0.129	0.133	0.143	0.146	0.147	0.148	0.148	0.148
2.0	0.084	0.095	0.103	0.110	0.116	0.120	0.131	0.135	0.136	0.137	0.137	0.137
2.2	0.073	0.083	0.092	0.098	0.104	0.108	0.121	0.125	0.126	0.127	0.128	0.128

z/b	l/b											
	1.0	1.2	1.4	1.6	1.8	2.0	3.0	4.0	5.0	6.0	10	条形
2.4	0.064	0.073	0.081	0.088	0.093	0.098	0.111	0.116	0.118	0.118	0.119	0.119
2.6	0.057	0.065	0.072	0.079	0.084	0.089	0.102	0.107	0.110	0.111	0.112	0.112
2.8	0.050	0.058	0.065	0.071	0.076	0.080	0.094	0.100	0.102	0.104	0.105	0.105
3.0	0.045	0.052	0.058	0.064	0.069	0.073	0.087	0.093	0.096	0.097	0.099	0.099
3.2	0.040	0.047	0.053	0.058	0.063	0.067	0.081	0.087	0.090	0.092	0.093	0.094
3.4	0.036	0.042	0.048	0.053	0.057	0.061	0.075	0.081	0.085	0.086	0.088	0.089
3.6	0.033	0.038	0.043	0.048	0.052	0.056	0.069	0.076	0.080	0.082	0.084	0.084
3.8	0.030	0.035	0.040	0.044	0.048	0.052	0.065	0.072	0.075	0.077	0.080	0.080
4.0	0.027	0.032	0.036	0.040	0.044	0.048	0.060	0.067	0.071	0.073	0.076	0.076
4.2	0.025	0.029	0.033	0.037	0.041	0.044	0.056	0.063	0.067	0.070	0.072	0.073
4.4	0.023	0.027	0.031	0.034	0.038	0.041	0.053	0.060	0.064	0.066	0.069	0.070
4.6	0.021	0.025	0.028	0.032	0.035	0.038	0.049	0.056	0.061	0.063	0.066	0.067
4.8	0.019	0.023	0.026	0.029	0.032	0.035	0.046	0.053	0.058	0.060	0.064	0.064
5.0	0.018	0.021	0.024	0.027	0.030	0.033	0.043	0.050	0.055	0.057	0.061	0.062
6.0	0.013	0.015	0.017	0.020	0.022	0.024	0.033	0.039	0.043	0.046	0.051	0.052
7.0	0.009	0.011	0.013	0.015	0.016	0.018	0.025	0.031	0.035	0.038	0.043	0.045
8.0	0.007	0.009	0.010	0.011	0.013	0.014	0.020	0.025	0.028	0.031	0.037	0.039
9.0	0.006	0.007	0.008	0.009	0.010	0.011	0.016	0.020	0.024	0.026	0.032	0.035
10	0.005	0.006	0.007	0.007	0.008	0.009	0.013	0.017	0.020	0.022	0.028	0.032

(二)土中任意一点竖向应力的计算

均布矩形荷载下的附加应力计算点不位于角点时，可通过作辅助线把荷载面分为若干个矩形面积，使计算点正好位于这些矩形面积的角点之下，这样就可以利用式(2-10)及力的叠加原理来求解，此方法称为角点法。下面介绍角点法的具体应用。

1. O点在荷载面边缘

过 O 点作辅助线 Oe，将荷载面分为两块 Ⅰ、Ⅱ，由叠加原理有，如图 2-12(a)所示：

$$\sigma_z = (\alpha_{\mathrm{I}} + \alpha_{\mathrm{II}})P_0$$

式中　α_{I}, α_{II}——分别按两块小矩形 Ⅰ、Ⅱ 两块计算，查表 2-4 得到角点附加应力系数。

2. O点在荷载面内

作两条辅助线，可将荷载面分为四块 Ⅰ、Ⅱ、Ⅲ、Ⅳ，由叠加原理有，如图 2-12(b)所示：

$$\sigma_z = (\alpha_{\mathrm{I}} + \alpha_{\mathrm{II}} + \alpha_{\mathrm{III}} + \alpha_{\mathrm{IV}})P_0$$

如果 O 点位于荷载面中心，则 $\sigma_z = 4\alpha_{\mathrm{I}}P_0$，此即利用角点法求基底中心下 σ_z 的解，也可以直接查表中该点的附加应力系数。

3. O点在荷载面外

此时荷载面 abcd 可看作由 Ⅰ(Ofbg)与 Ⅱ(Ofah)之差和 Ⅲ(Ogce)与 Ⅳ(Ohde)之差合成的[图 2-12(c)]，所以可得：

$$\sigma_z = (\alpha_{\mathrm{I}} - \alpha_{\mathrm{II}} + \alpha_{\mathrm{III}} - \alpha_{\mathrm{IV}}) P_0$$

查表同上。

4. O 点在荷载面角点外

荷载面 $abcd$ 可看作由 $\mathrm{I}(Ohce)$ 与 $\mathrm{II}(Ohbf)$、$\mathrm{III}(Ogde)$ 之差再与 $\mathrm{IV}(Ogaf)$ 之和合成的〔图 2-12(d)〕，所以可得：

$$\sigma_z = (\alpha_{\mathrm{I}} - \alpha_{\mathrm{II}} - \alpha_{\mathrm{III}} + \alpha_{\mathrm{IV}}) P_0$$

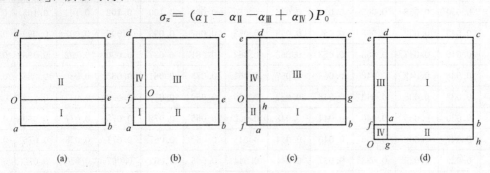

(a)　　　　　　(b)　　　　　　(c)　　　　　　(d)

图 2-12　角点法的应用

(a)O 点在荷载面边缘；(b)O 点在荷载面内；(c)O 点在荷载面外；(d)O 点在荷载面角点外

三、条形荷载作用下的地基附加应力

条形荷载在理论上是指承载面积为 b、长度为无限延伸的均布荷载。但实际工程上并没有无限延伸的荷载，在建筑工程中，将挡土墙基础、墙下或柱下条形基础、路基等均视为条形基础，并按平面问题计算地基中的竖向附加应力。

（一）均匀线荷载

在弹性半空间地基表面无限长直线上作用有竖向均布线荷载 P，计算地基中任意一点 M 处的附加应力，可通过布辛奈斯克公式在线荷载分布方向上进行积分来计算土中任意一点 M 的应力（图 2-13）。具体求解时，取线荷载上的微分长度 $\mathrm{d}y$，可以将作用在上面的荷载 $p\mathrm{d}y$ 看作集中力，它在地基 M 点处引起的附加应力为 $\mathrm{d}\sigma_z = \dfrac{3Pz^3}{2\pi R^5}\mathrm{d}y$，则

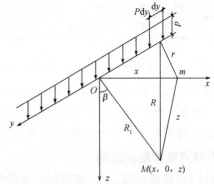

图 2-13　均布线荷载作用下土中应力

$$\sigma_z = \frac{3z^3}{2\pi}P\int_{-\infty}^{\infty}\frac{\mathrm{d}y}{(x^2+y^2+z^2)^{5/2}} = \frac{2P_0 z^3}{\pi(x^2+z^2)^2} \tag{2-11}$$

（二）均布竖向条形荷载

墙下条形基础在条形均布荷载 P_0 作用下，可取宽度 b 的中点作为坐标原点（图 2-14），则地基中任一点 M 处的竖向附加应力 σ_z 为

$$\sigma_z = \int_0^b \mathrm{d}\sigma_z = \frac{P}{\pi}\left[\arctan\frac{n}{m} - \arctan\frac{n-1}{m} + \frac{mn}{m^2+n^2} - \frac{m(n-1)}{m^2+(n-1)^2}\right] = \alpha_{sz}P_0$$

式中　α_{sz}——条形均布竖向荷载作用下附加应力系数，可按 x/b 和 z/b 的函数，通过表 2-5 查得。

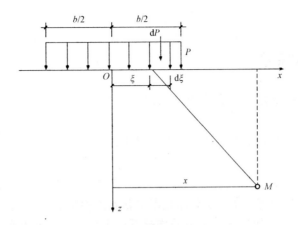

图 2-14 均布条形荷载作用下土中应力

表 2-5　条形均布荷载作用下土中任意点竖向附加应力系数 α_{sz}

z/b	x/b					
	0.00	0.25	0.50	1.00	1.50	2.00
	α_{sz}	α_{sz}	α_{sz}	α_{sz}	α_{sz}	α_{sz}
0.00	1.00	1.00	0.50	0	0	0
0.25	0.96	0.90	0.50	0.02	0.00	0
0.50	0.82	0.74	0.48	0.08	0.02	0
0.75	0.49	0.61	0.45	0.15	0.04	0.02
1.00	0.55	0.51	0.41	0.19	0.07	0.03
1.25	0.46	0.44	0.37	0.20	0.10	0.04
1.50	0.40	0.38	0.33	0.21	0.11	0.06
1.75	0.35	0.34	0.30	0.21	0.13	0.07
2.00	0.31	0.31	0.28	0.20	0.14	0.08
3.00	0.21	0.21	0.20	0.17	0.13	0.10
4.00	0.16	0.16	0.15	0.14	0.12	0.10
5.00	0.13	0.13	0.12	0.12	0.11	0.09
6.00	0.11	0.10	0.10	0.10	0.10	—

▶ 本章小结

　　本章主要讨论了地基土中应力的分类：自重应力和附加应力。土的自重应力的计算比较简单；附加应力计算时，一般将其抽象成空间半无限体表面作用荷载后，无限体内部的竖向应力计算问题。针对附加应力的计算，我们从最基本的集中荷载入手，结合角点法解决了矩形和条形均布荷载作用下地基中的竖向附加应力的分布，为后续解决地基稳定性、地基沉降问题打下基础。

1. 什么是土的自重应力？什么是土的附加应力？两者在地基中的应力分布规律有何不同？

2. 地下水水位的升降对土中自重应力有何影响？

3. 什么是基底压力？什么是基底附加应力？

4. 在中心荷载及偏心荷载作用下，基底压力分布图形主要与什么因素有关？

5. 什么是角点法？如何用角点法计算地基中任意点的附加应力？

6. 如图 2-15 所示，已知地表下 1 m 处有地下水水位存在，地下水水位以上砂土的重度为 $\gamma = 17.5 \text{ kN/m}^3$，地下水水位以下砂土层饱和重度为 $\gamma_{sat} = 19 \text{ kN/m}^3$，黏土层饱和重度为 $\gamma_{sat} = 19.2 \text{ kN/m}^3$，含水量 $w = 22\%$，液限 $W_L = 48\%$，塑限 $W_P = 48\%$，计算地基中的自重应力并绘制出其分布图。

7. 如图 2-16 所示的基础，已知基础底面宽度 $b = 4 \text{ m}$，长度 $l = 10 \text{ m}$，作用在基础底面中心处的竖直荷载 $F = 4\,200 \text{ kN}$，弯矩 $M = 1\,800 \text{ kN·m}$。试计算基础底面的压力分布。

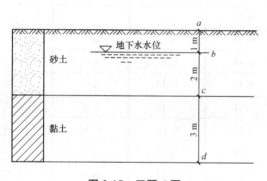

图 2-15 习题 6 图

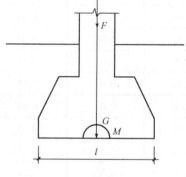

图 2-16 习题 7 图

第三章　土的压缩性与地基变形计算

第一节　土的压缩性

土在压力作用下体积缩小的特性称为土的压缩性。试验研究表明，在一般压力(100～600 kN)作用下，土粒和水的压缩与土的总压缩量之比是很微小的，因此完全可以忽略不计，所以将土的压缩看作土中孔隙体积的减小。此时，土粒调整位置，重行排列，互相挤紧。饱和土压缩时，随着孔隙体积的减小土中孔隙水则被排出。

在荷载作用下，透水性大的饱和无黏性土，其压缩过程在短时间内就可以结束。相反，黏性土的透水性低，饱和黏性土中的水分只能慢慢排出，因此，其压缩稳定所需的时间要比砂土长得多。土的压缩随时间而增长的过程，称为土的固结，对于饱和黏性土来说，土的固结问题是十分重要的。

土的压缩性是土在压力作用下体积缩小的特性。土的固结是土在压力作用下其压缩性随时间的增长而增长的过程。土的压缩性指标有压缩系数、压缩指数、压缩模量、变形模量。计算地基沉降量时，必须取得土的压缩性指标，在一般工程中，常用不允许土样产生侧向变形(侧限条件)的室内压缩试验来测定土的压缩性指标。

一、压缩试验和压缩性指标

(一)侧限压缩试验

侧限条件是指侧向受到限制不能变形，只有竖向单向的压缩。

试验目的：研究测定试样在侧限与单轴排水条件下的变形和压力，或孔隙比和压力的关系、变形和时间的关系，以便计算土的各项压缩性指标。

试验设备：压缩仪(图 3-1)。

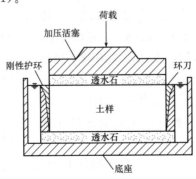

图3-1　压缩仪的压缩器简图

试验方法：逐级加压固结，以便测定各级压力作用下的土样压缩稳定后的孔隙比。

试验成果曲线的获得：e-P 曲线或 e-$\lg P$ 曲线（图 3-2）。

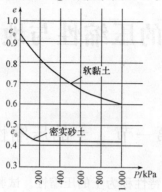

图 3-2　土的 e-P 曲线

压缩曲线可按两种方式绘制，一种是采用普通直角坐标绘制的曲线，在常规试验中，一般按 50、100、200、300、400（kPa）五级加荷；另一种的横坐标取常用对数值，即采用半对数直角坐标纸绘制成曲线，试验时以较小的压力开始，采取小增量多级加荷，并加到较大的荷载（如 1 000 kPa）为止。

（二）压缩性指标

1. 压缩系数

压缩系数是土体在侧限条件下，孔隙比减小量与竖向有效压应力增量的比值，即 e-P 曲线上任一点的割线斜率，如图 3-3 所示。

$$a=\frac{\Delta e}{\Delta P}=\frac{e_1-e_2}{P_2-P_1} \tag{3-1}$$

式中　a——压缩系数（$\mathrm{kPa^{-1}}$ 或 $\mathrm{MPa^{-1}}$）；

　　　P_1——压缩前使试样压缩稳定的压力强度，一般指地基中某深度土中原有的竖向自重应力（MPa）；

　　　P_2——压缩后使试样所受的压力强度，一般指地基中某深度土中的竖向自重应力与附加应力之和（MPa）；

　　　e_1，e_2——增压前后在 P_1、P_2 作用下压缩稳定时的孔隙比。

压缩系数 a 是表征土的压缩性的重要指标之一。压缩系数越大，说明土的压缩性越大。由图 3-3 可以看出，曲线越陡，说明随着压力的增加，土孔隙比的减小越显著，因而土的压缩性越高。

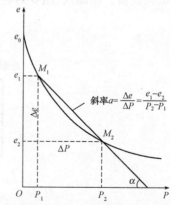

为了便于比较，通常采用压力段由 $P_1=100$ kPa 增加到 $P_2=200$ kPa 时的压缩系数 a_{1-2} 来评定土的压缩性。其具体规定如下：

$a_{1-2}<0.1\ \mathrm{MPa^{-1}}$　　　　低压缩性土

$0.1\ \mathrm{MPa^{-1}}\leqslant a_{1-2}<0.5\ \mathrm{MPa^{-1}}$　　　中压缩性土

$a_{1-2}\geqslant 0.5\ \mathrm{MPa^{-1}}$　　　　高压缩性土

图 3-3　e-P 曲线中确定压缩系数 a

2. 压缩指数

压缩指数是土体在侧限条件下，孔隙比减小量与竖向有效压应力常用对数值增量的比值。把土的 $e\text{-}P$ 曲线(图 3-3)改绘制成半对数的压缩曲线 $e\text{-lg}P$ (图 3-4)曲线时，它的后段接近直线，其斜率 C_c 是土的压缩指数。

$$C_c = \frac{e_1-e_2}{\lg P_2-\lg P_1} = \frac{e_1-e_2}{\lg(P_2/P_1)} \qquad (3\text{-}2)$$

压缩指数 C_c 是表征土的压缩性的另一个重要指标。C_c 越大，表示土的压缩性越高。

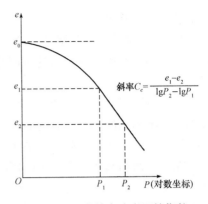

图 3-4 $e\text{-lg}P$ 曲线中确定压缩指数 C_c

3. 压缩模量

压缩模量是土在完全侧限条件下的竖向应力增量与相应的应变增量之比值。

$$E_s = \frac{\Delta P}{\varepsilon} = \frac{1+e_1}{a} \qquad (3\text{-}3)$$

由式(3-3)可知，E_s 与 a 成反比，即 a 越大，E_s 越小，土的压缩性越高。E_s 也称侧限压缩模量，以便与一般材料在无侧限条件下简单拉伸或压缩时的弹性模量相区别。

二、现场载荷试验

现场载荷试验是在工程现场通过千斤顶逐级对置于地基土上的载荷板施加荷载，观测记录沉降随时间的发展以及稳定时的沉降量 S，将上述试验得到的各级荷载与相应的稳定沉降量绘制成 $P\text{-}S$ 曲线，即获得地基土载荷试验的结果。

通过载荷试验所测得地基沉降或土的变形与压力之间近似的比例关系，从而利用地基沉降的弹性力学公式来反算土的变形模量以及确定地基承载力的标准。

地基土的浅层平板载荷试验(图 3-5)是工程地质勘察工作中一项基本的原位测试。载荷试验测试点通常布置在取试样的技术钻孔附近，当地质构造简单时，距离不应超过 10 m，在其他情况下则不应超过 5 m，但也不宜小于 2 m。必须注意保持试验土层的原状结构和天然湿度，宜在拟试压表面用厚度不超过 20 mm 的粗、中砂层找平。载荷试验所施加的总荷载，应尽量接近预计地基极限荷载。第一级荷载(包括设备重)宜接近开挖浅试坑所卸除的土重，与其相应的沉降量不计；其后每级荷载增量，对较松软的土可采用 10～25 kPa，对较硬密的土则用 50～100 kPa；加荷等级不应少于 8 级。最后一级荷载是判定承载力的关键，应细分二级加荷，以提高结果的精确度，最大加载量不应少于荷载设计值的两倍。

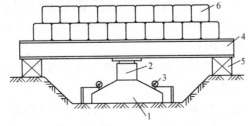

图 3-5 地基土现场载荷试验图

1—载荷板；2—千斤顶；3—百分表；4—平台；5—枕木；6—堆重

荷载试验的观测标准：

(1)每级加载后，按间隔 10、10、10、15、15(min)，以后为每隔半小时读一次沉降量，当连续两小时内，每小时的沉降量小于 0.1 mm 时，则认为已趋于稳定，可加下一级荷载。

(2)当出现下列情况之一时，即可终止加载：

①承压板周围的土有明显的侧向挤出(砂土)或发生裂纹(黏性土和粉土)；

②沉降急骤增大，荷载-沉降曲线出现陡降段；

③在某一级荷载下，24 小时内沉降速率不能达到稳定标准；

④沉降和 b 的比值≥0.06(b 为承压板的宽度或直径)。

满足终止加载的前三种情况之一时，其对应的前一级荷载定为极限荷载。

根据各级荷载及其相应的相对稳定沉降的观测数值，即可采用适当的比例尺绘制荷载与稳定沉降的关系曲线，必要时还可绘制各级荷载下的沉降与时间的关系曲线，如图 3-6 所示。

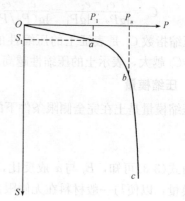

图 3-6　地基土现场载荷试验 $P-S$ 曲线

第二节　地基的最终沉降量

一、沉降

地基变形在其表面形成的垂直变形量称为建筑物的沉降量。在外荷载作用下，地基土层被压缩达到稳定时基础底面的沉降量称为地基最终沉降量。地基沉降的原因有：结构物的荷重产生的附加应力、欠固结土的自重、地下水水位下降和施工中水的渗流。

《建筑地基基础设计规范》(GB 50007—2011)规定，对于一些地基除进行承载力计算外，还需进行变形量计算，计算的目的是保证由于地基沉降而引起的建筑物上部结构的变形不出现妨碍使用的裂缝。

在荷载作用下，地基土体发生变形，地面产生沉降。沉降可分为瞬时沉降、固结沉降和次固结沉降三种。

(1)瞬时沉降是指加载瞬间发生的变形。在靠近基础边缘应力集中部位，地基中会存在剪应变。对于饱和土或者接近饱和的黏性土，加荷载的瞬间土中水来不及排出去，剪应变引起侧向变形，从而造成瞬时沉降。

(2)固结沉降是由饱和土或者接近饱和的黏性土在荷载作用下，超静孔隙水压力消散，有效应力增加，土体体积压缩引起的。

(3)次固结沉降是由超静孔隙水压完全消散以后，土中结合水膜或土粒发生蠕变而引起的。也就是说，在有效应力不变的情况下，土的骨架仍然随着时间变化继续发生变形。

二、分层总和法

地基的最终沉降量，通常采用分层总和法进行计算，即在地基沉降计算深度范围内划分若干分层，计算各分层的压缩量，然后求其总和，计算时应先按基础荷载、基础形状和尺寸，以及土的有关指标求得土中应力的分布（包括基底附加压力、地基中的自重应力和附加应力）。

计算地基最终沉降量的分层总和法，通常假定地基土压缩时不允许侧向变形（膨胀），即采用侧限条件下的压缩性指标。为了弥补这样得到的沉降量偏小的缺陷，通常取基底中心点下的附加应力进行计算。

分层总和法的基本计算公式：

$$S = S_1 + S_2 + \cdots + S_n = \sum_{i=1}^{n} S_i \tag{3-4}$$

式中 n——计算深度范围内的土的分层数；

S——总沉降量；

S_i——计算基础中心点下地基各分层土的压缩变形量。

分层总和法的计算步骤如下：

（1）绘制地基土层分布剖面图和基础剖面图，并将土分层。分层的原则是：不同土层的分界面、地下水水位处，应保证每层的附加应力分布线近似于直线，每层土的厚度应小于基础宽度的 0.4 倍。

（2）计算自重应力。计算出自重应力在基础中心点下沿深度的分布，并按照一定比例将其绘制于基础中心线的左侧。

注意：自重应力从地面算起。

（3）计算附加应力。计算附加应力在基础中心点下沿深度的分布，并按照一定比例将其绘制于基础中心线的右侧。

注意：附加应力从基础底面算起。

（4）压缩层下限的确定。由于土中附加应力随深度的增加而减小，达到一定深度后，土层的压缩变形可忽略不计。在实际工程计算中，可采用基底以下某一深度作为基础沉降计算的下限深度。通常规定，地基沉降计算深度为 z_n，则 z_n 一般取地基附加应力 σ_{zn} 等于自重应力 σ_{czn} 的 0.2 倍处。若在该深度下还有高压缩性土，则继续向下算到地基附加应力 σ_{zn} 等于自重应力 σ_{czn} 的 0.1 倍处。

（5）计算各层的自重应力、附加应力的平均值。在计算时，将该层底面和顶面的计算值相加除以 2 即可。

$$P_{1i} = \frac{\sigma_{c(i-1)} + \sigma_{ci}}{2} \tag{3-5}$$

$$\Delta P_i = \frac{\sigma_{z(i-1)} + \sigma_{zi}}{2} \tag{3-6}$$

（6）确定各层压缩前后的孔隙比。由各层的平均自重应力 P_{1i}，在相应的压缩曲线上，查得初始孔隙比 e_{1i}，由各层平均自重应力和平均附加应力之和 P_{2i}，查得压缩稳定后的孔隙比 e_{2i}。

$$P_{2i} = P_{1i} + \Delta P_i \tag{3-7}$$

（7）求每层的压缩量。

$$\Delta s_i = \left(\frac{e_{1i} - e_{2i}}{1 + e_{1i}} \right) h_i \tag{3-8}$$

式中　h_i——第 i 分层土的厚度。

(8)计算地基的最终沉降量(图 3-7)。

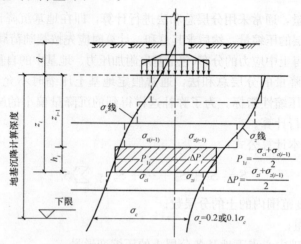

图 3-7　用分层总和法计算地基最终沉降量

$$S = \sum_{i=1}^{n} S_i \tag{3-9}$$

【例 3-1】　墙下条形基础宽度为 2.0 m，上部墙体传来的荷载为 100 kN/m，基础埋置深度为 1.2 m，地下水水位在基底以下 0.6 m，有关资料如图 3-8 所示，地基土的室内压缩试验试验 e-P 数据见表 3-1，用分层总和法求基础中点处的最终沉降量。

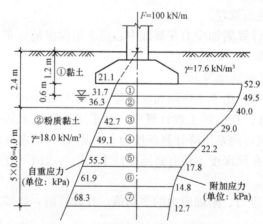

图 3-8　用分层总和法求基础中点处的最终沉降量

表 3-1　试验测得的 e-P 数据

土层 P/kPa	0	50	100	200	300
黏土	0.651	0.625	0.608	0.587	0.570
粉质黏土	0.978	0.899	0.855	0.809	0.773

解：(1)将土分层。

考虑分层厚度不超过 $0.4b = 0.8$ m，考虑到地下水水位为基底以下 0.6 m，所以基底以下厚 1.2 m 的黏土层分成两层，层厚均为 0.6 m，其下粉质黏土层分层厚度均取为 0.8 m。

(2)计算各层的自重应力。

自基底向下将各层面依次编号为 0、1、2…

0 点处自重应力为：$\sigma_{cz}=\gamma d=17.6\times1.2=21.1$(kPa)

1 点处自重应力为：$\sigma_{cz}=21.1+17.6\times0.6=31.7$(kPa)

2 点处自重应力为：$\sigma_{cz}=31.7+7.6\times0.6=36.3$(kPa)

3 点到 7 点处自重应力 σ_{cz} 如图 3-8 所示。

(3)计算各层的附加应力。

由所学知识，可得应力系数 a_{sz}，并可计算各分层点的竖向附加应力如图 3-8 所示。

(4)压缩层下限的确定。

$\sigma_{zn}=12.7<0.2\sigma_{czn}=13.66$，所以沉降计算深度 $z_n=5.2$ m

(5)计算各分层压缩量(表 3-2)。

计算第三层压缩量：

$$\Delta s_3=\frac{e_{1i}-e_{2i}}{1+e_{1i}}h_i=\frac{0.901-0.873}{1+0.901}\times800=11.8\text{(mm)}$$

表 3-2　计算结果

分层编号	分层厚度	P_{1i}	P_i	P_{2i}	e_{1i}	e_{2i}	Δs_i
0—1	0.6	26.4	51.2	77.6	0.637	0.616	7.7
1—2	0.6	34.1	44.8	78.9	0.633	0.615	6.6
2—3	0.8	39.7	34.5	74.2	0.901	0.873	11.8
3—4	0.8	46.2	25.6	71.8	0.896	0.874	9.3
4—5	0.8	52.8	20.0	72.8	0.887	0.874	5.5
5—6	0.8	59.3	16.3	75.6	0.883	0.872	4.7
6—7	0.8	65.7	13.8	79.4	0.878	0.869	3.8

(6)计算最终沉降量。

$$S=7.7+6.6+11.8+9.3+5.5+4.7+3.8=49.4\text{(mm)}$$

三、规范法

《建筑地基基础设计规范》(GB 50007—2011)所推荐的地基最终沉降量计算方法是另一种形式的分层总和法。它也采用侧限条件的压缩性指标，并运用了平均附加应力系数计算，还规定了地基沉降计算深度的标准以及提出了地基的沉降计算经验系数，使计算成果接近实测值。推荐公式：

$$s=\psi_s s'=\psi_s\sum_{i=1}^{n}\frac{P_0}{E_{si}}(z_i\bar{\alpha}_i-z_{i-1}\bar{\alpha}_{i-1}) \qquad (3\text{-}10)$$

式中　s——地基最终沉降量(mm)；

　　　s'——用分层总和法计算的地基最终沉降量(mm)；

　　　ψ_s——沉降计算经验系数；

　　　n——地基压缩层范围内按天然土层界面划分的土层数；

　　　P_0——对应于荷载标准值的基础底面处的附加压力(kPa)；

　　　E_{si}——基础底面下，第 i 层土的压缩模量(kPa)；

　　　z_i，z_{i-1}——基础底面至第 i 层土、第 $i-1$ 层土底面的垂直距离(m)；

$\bar{\alpha}_i$，$\bar{\alpha}_{i-1}$——基础底面计算点至第 i 层土、第 $i-1$ 层土底面范围内平均附加应力系数，可查表。

规范法的计算步骤：

(1)计算 P_0。

(2)计算地基受压层深度 z_n。

无相邻荷载的基础中点下：$z_n=b(2.5-0.4\ln b)$；存在相邻荷载影响时：$\Delta s_n' \leqslant 0.025 \sum\limits_{i=1}^{n} \Delta s_i'$。

(3)将地基土按压缩性的不同分层。分层原则：天然土层界面为当然分层面(一种土一层)；地下水水位面也分层。

(4)计算各层土的压缩量 s_i'。

(5)计算地基的最终沉降量 s。

第三节　地基沉降与时间的关系

一、土的渗透性

(一)达西定律

土的渗透性一般是指水流通过土中孔隙难易程度的性质，或称透水性。渗透性的大小决定着水在土中流动的快慢程度，也就决定着地基土的变形速率。

地下水在土体孔隙中渗透时，由于渗透阻力的作用，沿程必然伴随着能量的损失。为了揭示水在土体中的渗透规律，法国工程师达西(H. Darcy)经过大量的试验研究，于 1856 年总结得出渗透能量损失与渗流速度之间的相互关系，即达西定律。

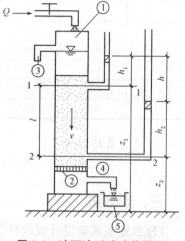

图 3-9　达西渗透试验装置图

达西渗透试验的装置如图 3-9 所示。装置中的①是横截面面面积为 A 的直立圆筒，其上端开口，在圆筒侧壁装有两支相距为 l 的侧压管。筒底以上一定距离处装一滤板②，滤板上填放颗粒均匀的砂土。水由上端注入圆筒，多余的水从溢水管③溢出，使筒内的水位维持一个恒定值。渗透过砂层的水从短水管④流入量杯⑤中，并以此来计算渗流量 q。设 Δt 时间内流入量杯的水体体积为 ΔV，则渗流量为 $q=\Delta V/\Delta t$。同时读取断面 1—1 和断面 2—2 处的侧压管水头值 h_1、h_2，Δh 为两断面之间的水头损失。达西分析了大量实验资料，发现土中渗透的渗流速度 v 与水头差 Δh 成正比，与渗流路径 l 成反比，即

$$v=k\frac{\Delta h}{l}=ki \qquad (3-11)$$

式中　v——水在土中的渗透速度(mm/s)，即在单位时间内流过土体单位截面面积的水量；

　　　i——水头梯度，$i=\Delta h/l$，土中两点的水头差 Δh 与其距离 l 的比值；

　　　k——土的渗透系数，即表示单位水头梯度时，水在土中的渗透速度。其值可通过试验测定。

式(3-11)是法国学者达西经过大量试验得到的规律，因此又称为达西定律。

(二)影响土渗透性的因素

(1)土粒的大小和级配。土的颗粒大小、形状及级配，影响土中孔隙大小及其形状，因而影响土的渗透性。土颗粒越粗、越浑圆、越均匀时，渗透性就大。砂土中含有较多粉土及黏土颗粒时，其渗透系数就大大降低。

(2)土的孔隙比。孔隙比小，土中孔隙相对较少，渗透性也差。

(3)土的结构构造，天然土层通常不是各向同性的，在渗透性方面往往也是如此。如黄土具有竖直方向的大孔隙，所以，竖直方向的渗透系数要比水平方向大得多。层状黏土常夹有薄的粉砂层，它在水平方向的渗透系数要比竖直方向大得多。

(4)水的温度。同样条件下，水的温度越高，其渗透性越好。

二、饱和土的渗透固结

饱和土体由颗粒骨架和孔隙水两部分组成。在附加应力的作用下，饱和土孔隙中的一部分自由水将被逐渐排出，空隙体积也随着缩小，土体产生变形，这一过程称为饱和土的渗透固结。土中任意截面上都包括有土粒和粒间孔隙的面积在内，只有通过土粒接触点传递的粒间应力，才能使土粒彼此挤紧，从而引起土体的变形，而粒间应力又是影响土体强度的一个重要因素，所以颗粒骨架之间的应力又称为有效应力。同时，通过土中孔隙传递的压应力，称为孔隙压力，孔隙压力包括孔隙中的水压应力和气压应力。产生在土中孔隙水传递的压应力，称为孔隙水压力。饱和土中的孔隙水压力有静止孔隙水压力和超静孔隙水压力之分。

为了研究有效应力，取饱和土单元体中任一水平断面，但并不切断任何一个固体粒，而只是通过土粒之间的那些接触。考虑某一横截面面积，其所受应力等于该单元体以上土、水自重或外荷，此应力则称为总应力 σ。在截面上，作用在孔隙面积上的孔隙水压力为 u，而各力的竖向分量之和称为有效应力 σ'，具体关系式为

$$\sigma' = \sigma - u \tag{3-12}$$

因此，得出结论：饱和土中任意点的总应力 σ，总是等于有效应力 σ' 与孔隙水压力 u 之和；或土中任意点的有效应力 σ'，总是等于总应力 σ 减去孔隙水压力 u。

一般认为，当土中孔隙体积的 80% 以上为水充满时，土中虽有少量气体存在，但大都是封闭气体，就可视为饱和土。

饱和土的渗透固结，可借助弹簧活塞模型来说明，如图 3-10 所示。

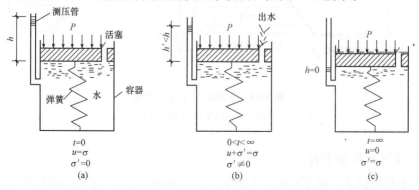

图 3-10　饱和土渗透固结模型

设想以弹簧来模拟土骨架，圆筒内的水就相当于土孔隙中的水，则此模型可以用来证明饱和土在渗透固结中，土骨架和孔隙水对压力的分担作用，即施加在饱和土上的外压力开始时全部由土中水承担，随着土孔隙中一些自由水的挤出，外压力逐渐传递给土骨架，直到全部由土骨架承担为止。因此，只要土中孔隙水压力还存在，就意味着土的渗透固结变形还未完成。换而言之，饱和土的固结就是孔隙水压力的消散和有效应力相应增长的过程。

三、饱和土的一维固结理论

为求饱和土层在渗透固结过程中任意时间的变形，通常采用太沙基（K. Terzaghi，1925）提出的一维固结理论进行计算。一维固结是指土中孔隙水的渗流和压缩变形均在同一个方向（竖向）。在实际工程中，若土层受到较大均布荷载作用，顶面或底面有透水层，可视为一维固结。

（一）基本假定

一维固结理论的基本假定如下：

(1)土层均质，各向同性，完全饱和。

(2)土中附加应力沿水平面无限均匀分布，因此，土层的压缩和土中水的渗流都是一维的。

(3)附加应力一次骤然施加。

(4)水在孔隙中的渗透服从达西定律。

(5)土颗粒和孔隙中水本身均不可压缩。

(6)在渗透固结中，土的渗透系数和压缩系数都是不变的常数。

图 3-11 所示是一维固结的情况之一。其中厚度为 H 的饱和黏性土层的顶面是透水的，而其底面则不透水。假使该土层在自重作用下的固结已经完成，只是由于透水面上一次施加的连续均布荷载才引起土层的固结。

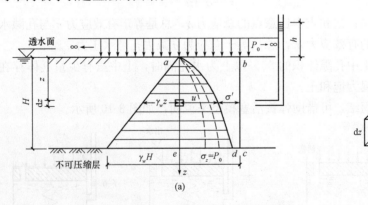

图 3-11 饱和黏性土层的固结

(a)土层和应力分布曲线；(b)固结中的微元体

（二）一维固结微分方程

在饱和土层顶面下 z 深度处的一个微单元体，如图 3-11(b)所示。根据固结渗流的连续条件，该微单元体在 dt 时间内的水量变化应等于同一时间该微单元体中孔隙体积的变化率，其中孔隙水压力为 u，经过数学推导可得饱和土体单向渗透固结微分方程：

$$c_v \frac{\partial^2 u}{\partial z^2} = \frac{\partial u}{\partial t} \tag{3-13}$$

式(3-13)即饱和土的一维固结微分方程，其中 c_v 称为土的竖向固结系数，$c_v = \left[\dfrac{k(1+e)}{\gamma_w a}\right]$。

图 3-11(a)所示的初始条件(开始固结时的附加应力分布情况)和边界条件(可压缩土层顶底面的排水条件)如下：

当 $t=0$ 和 $0 \leqslant z \leqslant H$ 时，$u = \sigma_z$；

$0 < t < \infty$ 和 $z=0$ 时，$u=0$；

$0 < t < \infty$ 和 $z=H$ 时，因为是不透水层，超静水压力变化率为零，所以有 $\dfrac{\partial u}{\partial z} = 0$；

$t = \infty$ 和 $0 \leqslant z \leqslant H$ 时，$u=0$。

根据以上的初始条件和边界条件，采用分离变量法可求得的特解如下：

$$u_{z,t} = \frac{4}{\pi} \sigma_z \sum_{m=1}^{\infty} \frac{1}{m} \sin \frac{m\pi z}{2H} \exp\left(-\frac{m^2\pi^2}{4} T_v\right) \tag{3-14}$$

式中　$u_{z,t}$——某一时刻 t 深度 z 处的孔隙水压力；

$\quad\quad m$——正整数奇数(1、3、5…)；

$\quad\quad \exp$——自然对数的底；

$\quad\quad H$——压缩土层中最长的渗透路径(排水距离)，当土层为单面(上面或下面)排水时，H 取土层厚度，双面排水时，水由土层中心分别向上、下两方向排出，此时 H 应取土层厚度之半；

$\quad\quad T_v$——竖向固结时间因数，$T_v = c_v t / H^2$，其中 c_v 为竖向固结系数，t 为时间(年)，H 为压缩土层最远的排水距离，当土层为单面(上面或下面)排水时，H 取土层厚度，双面排水时，水由土层中心分别向上、下两方向排出，此时 H 应取土层厚度之半。

(三)固结度计算

有了孔隙水压力 u 随时间 t 和深度 z 变化的函数解，即可求得地基在任一时间的固结沉降。此时，通常需要用到地基的固结度 U 这个指标，地基固结度是指任一时刻沉降量 S_t 值与最终沉降量 S 的比值。其定义如下：

$$U = \frac{S_t}{S} \text{ 或 } S_t = US \tag{3-15}$$

对于竖向排水情况，由于固结沉降与有效应力成正比，所以某一时刻有效应力图面积和最终有效应力图面积之比值，称为竖向排水的平均固结度 U_z，其可推导为

$$U_z = 1 - \frac{8}{\pi^2} \sum_{m=1,3}^{\infty} \frac{1}{m^2} \exp\left(-\frac{m^2\pi^2}{4} T_v\right) \tag{3-16}$$

为了便于实际应用，可按式(3-16)绘制出图 3-12 所示的 U_z-T_v 关系曲线，根据该曲线可以求出不同时刻的竖向固结度。对于图 3-13(a)所示的三种双面排水情况，都可利用图 3-12 中的曲线(1)进行计算，此时，H 取压缩土层厚度之半。对于图 3-13(b)单面排水的矩形分布起始孔隙水压力图，仍用图 3-12 中的关系曲线(1)计算；而对于图 3-13(b)单面排水的两种三角形分布起始孔隙水压力图，则用图 3-12 中的关系曲线(2)和(3)计算。

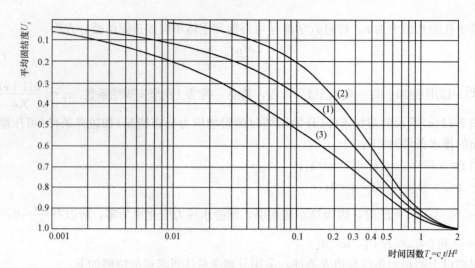

图 3-12 固结度和时间因数关系曲线

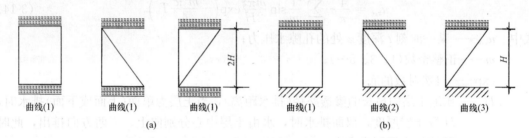

图 3-13 几种起始孔隙水压力分布图
(a)双面排水；(b)单面排水

有了关系曲线(1)、(2)、(3)，还可求得梯形分布起始孔隙水压力图的解答。对于图 3-14(a)所示双面排水情况，同样可利用图 3-12 中曲线(1)计算，H 取压缩土层厚度之半；而对于图 3-14(b)所示单面排水情况，则可运用叠加原理求解。

固结度的应用，可以解决两类问题：已知土层的最终沉降量 S，求某时刻 t 的沉降 S_t；已知土层的最终沉降量，求土层达到某一沉降 S_t 时，所需的时间 t。

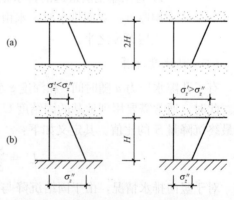

图 3-14 起始孔隙水压力梯形分布图
(a)双面排水；(b)单面排水

本章小结

本章主要讨论了土的压缩性、现场载荷试验、用分层总和法求地基的沉降量、一维固结理论、地基沉降和时间的关系等问题。要掌握用分层总和法计算地基变形的方法，能够计算地基的最终沉降量；能够掌握压缩系数、压缩模量等概念和表达式，并且能够用这些指标来评价土的压缩性。

1. 什么是压缩系数和压缩模量？怎么用指标判别土的压缩性质？

2. 试述用分层总和法计算地基变形的步骤。

3. 影响土渗透性的因素有哪些？

4. 什么是固结度 U？U 与时间因子 T_v 有何关系？

5. 试述分层总和法的基本假设。

6. 什么是达西定律？

7. 简述有效应力原理。

8. 简述一维固结理论的基本假设。

9. 有一个单独基础，柱荷载 $F=1\,190$ kN，基础埋深 $d=1.5$ m，基础底面尺寸为 4 m×2 m，地基土层分布如图 3-15 所示。已知地基承载力标准值 $f_k=150$ kPa，试按规范法计算该基础的最终沉降量。

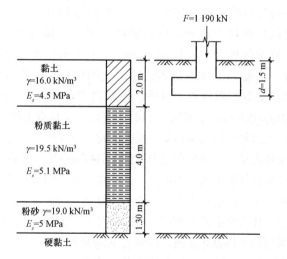

图 3-15　地基土层分布

10. 某饱和黏土层，厚度为 10 m。在大面积加荷 $P_0=120$ kN/m² 作用下，该土层的原始孔隙比 $e_0=1.0$，压缩系数 $a=0.3$ MPa⁻¹，渗透系数 $k=1.8$ cm/年。对黏土层在单面排水及双面排水条件下分别求：(1)加荷一年的沉降量；(2)沉降量达 14 cm 所需的时间。

第四章　土的抗剪强度与地基承载力

第一节　概　述

　　土的抗剪强度是指土体抵抗剪切破坏的极限能力，是土的重要力学性质之一。工程中的地基承载力、挡土墙土压力、土坡稳定等问题都与土的抗剪强度直接相关。

　　建筑物由于土的原因引起的事故中，一方面是沉降过大，或差异沉降过大造成的；另一方面是由土体的强度破坏而引起的。对于土工建筑物（如路堤、土坝等）来说，主要是后一个原因。从事故的灾害性来说，强度问题比沉降问题要严重得多。而土体的破坏通常都是剪切破坏；研究土的强度特性，就是研究土的抗剪强度特性。无黏性土一般无联结，抗剪强度主要是由颗粒之间的摩擦力组成，这与粒度、密实度和含水情况有关。黏性土颗粒之间的联结比较复杂，联结强度起主要作用，黏性土的抗剪强度主要与联结有关。决定土的抗剪强度的因素很多，主要为土体本身的性质，土的组成、状态和结构，而这些性质又与它的形成环境和应力历史等因素有关，另外，还取决于它当前所受的应力状态。

　　建筑物地基在外荷载作用下将产生剪应力和剪切变形，土具有抵抗这种剪应力的能力，并随剪应力的增加而增大，当这种剪阻力达到某一极限值时，土就要发生剪切破坏，这个极限值就是土的抗剪强度。如果土体内某一部分的剪应力达到土的抗剪强度，在该部分就开始出现剪切破坏，随着荷载的增加，剪切破坏的范围逐渐扩大，最终在土体中形成连续的滑动面，地基发生整体剪切破坏而丧失稳定性。土体的破坏准则是一个十分复杂的问题，到目前为止，还没有一个人们普遍认为能完全适用于土体力学的破坏准则。本章主要介绍目前被认为比较能拟合试验结果，因而为生产实践所广泛采用的土体破坏准则，即莫尔-库仑破坏准则。

　　土的抗剪强度主要由土的黏聚力 c 和内摩擦角 φ 来表示。土的黏聚力 c 和内摩擦角 φ 称为土的抗剪强度指标。土的抗剪强度指标主要依靠室内剪切试验和土体原位测试确定，试验中，仪器的种类和试验方法以及模拟土剪切破坏时的应力与工作条件好坏，对确定强度值有很大的影响。

一、库仑公式

　　1776 年 C. A. 库仑（Coulomb）根据砂土的剪切试验，将土的抗剪强度表达为滑动面上法向总应力的函数（图 4-1），即无黏性土的抗剪强度表达式为

$$\tau_f = \sigma \tan\varphi \tag{4-1}$$

之后库仑又提出了适合黏性土的抗剪强度表达式：

$$\tau_f = c + \sigma \tan\varphi \tag{4-2}$$

式中　τ_f——土的抗剪强度(kPa)；

　　　σ——剪切面上的法向应力(kPa)；

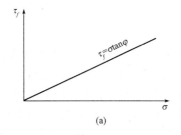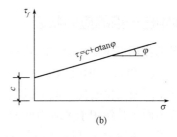

图 4-1　抗剪强度 τ_f 与法向应力 σ 的关系曲线

(a)砂土；(b)黏性土

　　φ——土的内摩擦角[(°)]；

　　c——土的黏聚力(kPa)。

　　以上两式为著名的抗剪强度定律，即库仑定律。

　　由库仑定律可以看出，无黏性土的抗剪强度与剪切面上的法向应力成正比，其本质是由于土颗粒之间的滑动摩擦力以及土颗粒凹凸面间的镶嵌作用所产生的摩阻力，其大小决定于颗粒表面的粗糙度、密实度、土颗粒的大小以及颗粒级配等因素。黏性土的抗剪强度由两部分组成：一部分是摩擦力；另一部分是土粒之间的黏结力，它是由于黏性土颗粒之间的胶结作用和静电引力效应等因素引起的。

　　长期的试验研究指出，土的抗剪强度不仅与土的性质有关，还与试验时的排水条件、剪切速率、应力状态和应力历史等许多因素有关，其中最重要的是试验时的排水条件，根据太沙基(K. Terzaghi)的有效应力概念，土体内的剪应力仅能由土的骨架承担，因此，土的抗剪强度应表示为剪切破坏面上法向有效应力的函数，库仑公式应修正为

$$\tau_f = \sigma' \tan\varphi' \quad （无黏性土） \tag{4-3}$$

$$\tau_f = c' + \sigma' \tan\varphi' \quad （黏性土） \tag{4-4}$$

式中　　σ'——剪切破坏面上的法向有效应力(kPa)；

　　　　φ'——有效内摩擦角(°)；

　　　　c'——有效黏聚力(kPa)。

二、莫尔-库仑强度理论

　　1910 年莫尔(Mohr)提出材料的破坏是剪切破坏，当任一平面上的剪应力等于材料的抗剪强度时该点即发生破坏，并提出在破坏面上的剪应力 τ_f，是该面上法向应力 σ 的函数，即

$$\tau_f = f(\sigma) \tag{4-5}$$

　　由此函数关系确定的曲线称为莫尔破坏包线。土的莫尔包线通常可以近似地用直线代替，该直线方程就是库仑公式表示的方程，该直线就是常说的库仑强度线。由库仑公式表示莫尔包线的强度理论称为莫尔-库仑强度理论。

第二节　土的抗剪强度与极限平衡原理

　　土的强度破坏通常是指剪切破坏。土的极限平衡条件是指土体处于极限平衡状态时土的应力状态和土的抗剪强度指标之间的关系式。

一、土体中任一点的应力状态

在自重与外荷作用下土体(如地基)中任意一点的应力状态，对于平面应力问题，只要知道应力分量即 σ_x、σ_z 和 τ_{xz}，即可确定一点的应力状态。对于土中任意一点，所受的应力又随所取平面的方向不同而发生变化。但可以证明，在所有的平面中必有一组平面的剪应力为零，该平面称为主应力面。其作用于主应力面的法向应力称为主应力。那么，对于平面应力问题，土中一点的应力可用主应力 σ_1 和 σ_3 表示。σ_1 称为最大主应力，σ_3 称为最小主应力。即任取某一单元土体，在其上任取一截面 mn，由材料力学可知，土中任一点的应力公式如下：

$$\sigma = \frac{\sigma_1 + \sigma_3}{2} + \frac{\sigma_1 - \sigma_3}{2}\cos 2\alpha \qquad (4\text{-}6)$$

$$\tau = \frac{\sigma_1 - \sigma_3}{2}\sin 2\alpha \qquad (4\text{-}7)$$

式中　σ——任一截面 mn 上的法向应力；

　　　τ——任一截面 mn 上的剪应力；

　　　σ_1——最大主应力；

　　　σ_3——最小主应力；

　　　α——截面 mn 与最大主应力作用面的夹角。

由材料力学可知，以上 σ、τ 与 σ_1、σ_3 之间的关系也可以用莫尔应力圆表示(图 4-2)，以下简称莫尔圆，其纵、横坐标分别为 τ 和 σ。一个莫尔圆可以表示通过某点的任一方向上的 τ 和 σ 的大小，也就是说，莫尔圆可以代表土体中任意一点的应力状态，莫尔圆上的点则代表了过土体中任一点的不同方向及该方向上的 σ 及 τ 大小。在莫尔圆上可以求出任意斜面和最大主应力面的夹角。

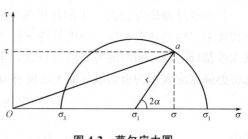

图 4-2　莫尔应力圆

二、土的极限平衡条件

为了建立土的极限平衡条件，可将库仑强度线与莫尔应力圆画在同一张坐标图中(图 4-3)。它们之间的关系有以下三种情况：当整个莫尔应力圆位于库仑强度线的下方，即莫尔应力圆与库仑强度线不相交时(圆Ⅰ)时，说明该点在任何平面上的剪应力都小于土所能发挥的抗剪强度，因此不会发生剪切

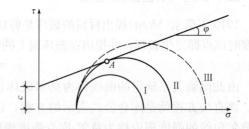

图 4-3　莫尔应力圆与库仑强度线之间的关系

破坏；当库仑强度线是莫尔应力圆的一条割线(圆Ⅲ)时，说明该点某些平面上的剪应力已超过了土的抗剪强度，表示该点土体已经破坏；当莫尔应力圆与库仑强度线相切(圆Ⅱ)，切点为 A 时，说明在 A 点所代表的平面上，剪应力正好等于抗剪强度，该点就处于极限平衡状态。圆Ⅱ称为极限应力圆。这就是说，通过莫尔应力圆与库仑强度线之间的几何关系，可建立以下极限平衡条件。

设在土体中取一单元体，如图 4-4(a)所示，mn 为破裂面，它与最大主应力的作用面成 α_f 角。该点处于极限平衡状态时的莫尔圆如图 4-4(b)所示。

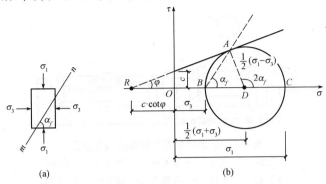

图 4-4　土体中一点达到极限平衡状态时的莫尔应力圆

(a)单元体 ；(b)极限状态时的莫尔圆

将抗剪强度线延长与 σ 轴相交于 R 点，由 $\triangle ARD$ 可知其三角函数之间的变换关系，可以得到土中某点处于极限平衡状态时主应力之间的关系式：

$$\sigma_1 = \sigma_3 \cdot \tan^2\left(45° + \frac{\varphi}{2}\right) + 2c \cdot \tan\left(45° + \frac{\varphi}{2}\right) \tag{4-8}$$

$$\sigma_3 = \sigma_1 \cdot \tan^2\left(45° - \frac{\varphi}{2}\right) - 2c \cdot \tan\left(45° - \frac{\varphi}{2}\right) \tag{4-9}$$

将 $c=0$ 代入极限平衡条件关系式，则可得到无黏性土的极限平衡条件表达式：

$$\sigma_1 = \sigma_3 \cdot \tan^2\left(45° + \frac{\varphi}{2}\right) \tag{4-10}$$

$$\sigma_3 = \sigma_1 \cdot \tan^2\left(45° - \frac{\varphi}{2}\right) \tag{4-11}$$

【例 4-1】 某砂土地基内摩擦角 $\varphi=30°$，黏聚力 $c=0$，若其中某点的应力 $\sigma_1=100$ kPa，$\sigma_3=30$ kPa，问土样是否破坏？

解： 在极限平衡状态下，由公式 $\sigma_1' = \sigma_3 \tan^2\left(45° + \frac{\varphi}{2}\right)$，把 $\sigma_3=30$ kPa 代入上面的公式，可以求得：

$$\sigma_1' = 90 \text{ kPa}$$

计算结果表明，在最小主应力 $\sigma_3=30$ kPa 的条件下，该点如果处于极限平衡状态，则最大主应力应为 $\sigma_1'=90$ kPa。现在 $\sigma_1'=90$ kPa $< \sigma_1=100$ kPa，故土样已破坏。

第三节　土的抗剪强度指标

抗剪强度的试验方法有多种，在实验室内常用的有直接剪切试验、三轴压缩试验和无侧限抗压强度试验，在现场原位测试的有十字板剪切试验、大型直接剪切试验等。本节着重介绍几种常用的试验方法。

一、直接剪切试验

直接剪切试验是室内测定土的抗剪强度常用的简便方法。所用的仪器是直剪仪，直剪仪的特点是构造简单，试样的制备和安装方便，操作容易掌握，至今仍被工程单位广泛采用。直剪仪可分为应变控制式（图 4-5）和应力控制式两种。

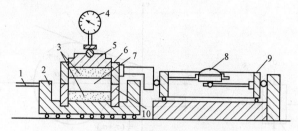

图 4-5 应变控制式直剪仪结构示意图

1—轮轴；2—底座；3—透水石；4—测微表；5—活塞；

6—上盒；7—土样；8—测微表；9—量力环；10—下盒

（一）试验原理

试验时，由杠杆系统通过加压活塞和透水石对试件施加某一垂直压力 σ，然后匀速转动手轮对下盒施加水平推力，使试样在上、下盒的水平接触面上产生剪切变形，直至破坏，剪应力的大小可借助与上盒接触的量力环的变形值计算确定。在剪切过程中，随着上下盒相对剪切变形的发展，土样中的抗剪强度逐渐发挥出来，直到剪应力等于土的抗剪强度时，土样剪切破坏，所以，土样的抗剪强度可用剪切破坏时的剪应力来量度。

对同一种土至少取 4 个试样，分别在不同垂直压力下剪切破坏，一般可取垂直压力为 100、200、300、400（kPa），将试验结果绘制成图 4-6 所示的抗剪强度 τ_f 和垂直压力 σ 之间的关系。试验结果表明，对于黏性土基本上成直线关系，该直线与横轴的夹角为内摩擦角 φ，在纵轴上的截距为黏聚力 c，直线方程可用库仑公式（4-2）表示；对于无黏性土，τ_f 与 σ 之间的关系则是通过原点的一条直线（图 4-6），可用式（4-1）表示。

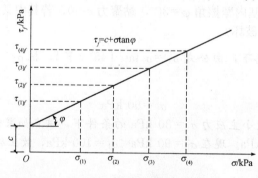

图 4-6 抗剪强度线

（二）直接剪切试验分类

直接剪切试验通过试验加荷的快慢来控制是否排水。

1. 快剪

快剪试验是在试样施加竖向压力后，立即快速施加水平剪应力使试样剪切破坏。

2. 固结快剪

固结快剪是允许试样在竖向压力下充分排水，待固结稳定后，再快速施加水平剪应力使试样剪切破坏。剪切时速率较快，尽量使土样在剪切过程中不再排水。

3. 慢剪

慢剪试验则是允许试样在竖向压力下排水，待固结稳定后，以缓慢的速率施加水平剪应力使试样剪切破坏，即整个试验过程中尽量使土样排水。

（三）直接剪切试验的优、缺点

优点：简单，快捷。

缺点：剪切面限定在上、下盒之间，不是沿土样的最薄弱面；剪切面上剪应力分布不均匀，破坏先从边缘开始，在边缘发生应力集中现象；上、下盒之间的缝隙中易嵌入砂粒，使试验结果偏大；不能严格控制排水条件，不能量测孔隙水压力；在剪切过程中，土样剪切面逐渐缩小，而在计算抗剪强度时却是按土样原截面面积计算的。

二、三轴压缩试验

三轴压缩试验是测定土抗剪强度的一种较为完善的方法。三轴压缩仪由压力室、轴向加荷系统、施加周围压力系统、孔隙水压力量测系统等组成，如图 4-7 所示。

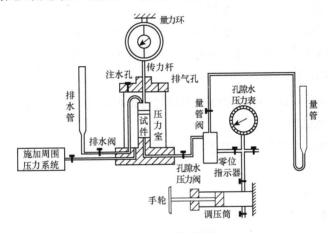

图 4-7　三轴压缩仪

（一）试验原理

常规试验方法的主要步骤如下：将土切成圆柱体套在橡胶膜内，放在密封的压力室中，然后向压力室内压入水，使试件在各向受到周围压力 σ_3，并使液压在整个试验过程中保持不变，这时试件内各向的三个主应力都相等，因此不发生剪应力，如图 4-8（a）所示。然后再通过传力杆对试件施加竖向压力，这样，竖向主应力就大于水平向主应力，当水平向主应力保持不变，而竖向主应力逐渐增大时，试件终于受剪而破坏，如图 4-8（b）所示。设剪切破坏时由传力杆加在试件上的竖向压应力为 $\Delta\sigma_1$，则试件上的最大主应力为 $\sigma_1=\sigma_3+\Delta\sigma_1$，而最小主应力为 σ_3，以（$\sigma_1-\sigma_3$）为直径可画出一个极限应力圆，如图 4-8（c）中的圆 I，用同一种土样的若干个试件（三个以上）按以上所述方法分别进行试验，每个试件施加不同的周围压力 σ_3，可分别得出剪切破坏时的最大主应力 σ_1，将这些结果绘成一组极限应力圆，如图 4-8（c）中的圆 I、II 和 III。

由于这些试件都剪切至破坏，根据莫尔-库仑强度理论，绘制出一组极限应力圆的公切线，即土的抗剪强度包线。其通常可近似取为一条直线，该直线与横坐标的夹角即土的内摩擦角 φ，直线与纵坐标的截距即土的黏聚力 c，如图 4-8（c）所示。

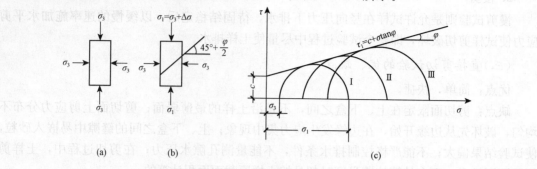

图 4-8 三轴压缩试验原理
（a）试件受周围压力；（b）破坏时试件上的主应力；（c）抗剪强度包线

如要量测试验过程中的孔隙水压力，可以打开孔隙水压力阀，在试件上施加压力以后，由于土中孔隙水压力增加迫使零位指示器的水银面下降，为量测孔隙水压力，可用调压筒调整零位指示器的水银面始终保持在原来的位置，这样，孔隙水压力表中的读数就是孔隙水压力值。如要量测试验过程中的排水量，可打开排水阀门，让试件中的水排入量水管中，根据量水管中水位的变化可计算出在试验过程中试样的排水量。

（二）三轴压缩试验分类

三轴压缩试验按剪切前的固结程度和剪切时的排水条件，可分为以下三种试验方法。

1. 不固结不排水试验

试样在施加周围压力和随后施加竖向压力直至剪切破坏的整个过程中不允许排水，试验自始至终关闭排水阀门。

2. 固结不排水试验

试样在施加周围压力时打开排水阀门，允许排水固结，待固结稳定后关闭排水阀门，再施加竖向压力，使试样在不排水的条件下剪切破坏。

3. 固结排水试验

试样在施加周围压力时允许排水固结，待固结稳定后，再在排水条件下施加竖向压力至试件剪切破坏。

（三）三轴压缩试验的优、缺点

优点：能够严格控制试件的排水条件；可以量测土样中孔隙水压力，从而获得土中有效应力的变化情况；三轴压缩试验中试件的应力状态比较明确，剪切破坏时的破裂面在试件的最弱处。

缺点：设备相对复杂，操作技术要求高，试样制备较麻烦，现场无法试验。

三、无侧限抗压强度试验

无侧限抗压强度试验是测定饱和黏性土的不排水抗剪强度、测定土的灵敏度的试验。所用的仪器是无侧限抗压试验仪。试验特点是仪器构造简单，操作方便，可代替三轴压缩试验测定饱和黏性土的不排水强度。

土样在不加任何侧向压力的情况下施加垂直压力，即通过施加垂直轴向压力，直至土样产生剪切破坏，根据试验结果，只能作一个极限应力圆，因此，对于一般黏性土就难以作出破坏包线。而对于饱和黏性土，根据三轴不固结不排水试验的结果，其破坏包线近于一条水平线即 $\varphi_u = 0$。这样，如仅为了测定饱和黏性土的不排水抗剪强度，就可以利用构造比较简单的无侧限压力仪代替三轴压缩仪。此时，取 $\varphi_u = 0$，则由无侧限抗压强度试验所得的极限应力圆的水平切线就是破坏包线。

四、十字板剪切试验

室内的抗剪强度测试要求取得原状土样，但由于试样在采取、运送、保存和制备等方面不可避免地受到扰动，含水量也很难保持，特别是对于高灵敏度的软黏土，室内试验结果的精度就受到影响。因此，研发就地测定土的性质的仪器具有重要的意义。它不需要取原状土样，试验时的排水条件、受力状态与土所处的天然状态比较接近，对于很难取样的土也可以进行测试。在抗剪强度的原位测试方法中，目前国内广泛应用的是十字板剪切试验。

假定剪破面为圆柱面，设圆柱面的高和直径等于十字板的高和宽，剪切破坏时所施加的扭矩为 M，圆柱的上、下底面与侧面上土的抗剪强度相等，即可以推导出抗剪强度 τ_f 的计算公式如下：

$$\tau_f = \frac{2M}{\pi D^2 \left(H + \dfrac{D}{3} \right)} \tag{4-12}$$

式中　　τ_f——抗剪强度(kPa)；

M——剪切破坏时的扭力矩(kN·m)；

H——十字板的高度(m)；

D——十字板的直径(m)。

第四节　地基的临塑荷载和界限荷载

地基在建筑物荷载的作用下内部应力发生变化，表现在两个方面：一方面是由于地基土在建筑物荷载作用下产生压缩变形，引起基础过大的沉降量或沉降差，使上部结构倾斜，造成建筑物沉降；另一方面是由于建筑物荷载过大，超过了基础下持力层所能承受荷载的能力，而使地基产生滑动破坏。

地基承载力是地基单位面积上承受荷载的能力。通常可将地基承载力分为两种：一种为极限承载力；另一种为容许承载力。极限承载力是指地基即将丧失稳定性时的承载力；容许承载力是指地基稳定，有足够安全度并且变形在容许范围内的承载力。

一、地基土承载性状

试验研究表明，在荷载作用下，建筑物地基的破坏通常是由于承载力不足而引起的剪切破坏，地基剪切破坏的形式可分为整体剪切破坏、局部剪切破坏和冲剪破坏三种。

（一）整体剪切破坏

整体剪切破坏的地基，从开始承受荷载到破坏，经历了一个变形发展的过程，该过程可以明显分为以下三个阶段。

1. 直线变形阶段

在 P-S 曲线上的 Oa 段，接近于直线关系。此阶段地基中各点的剪应力，均小于地基土的抗剪强度，地基处于稳定状态。地基仅有小量的压缩变形，如图 4-9(a)所示，主要是土颗粒之间互相挤密、土体压缩的结果。此变形阶段又称为压密阶段。

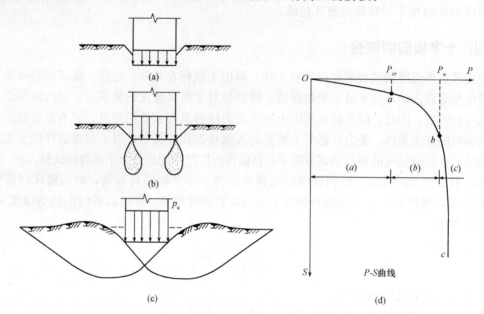

图 4-9　地基变形三阶段与 P-S 曲线

(a)压密阶段；(b)剪切阶段；(c)破坏阶段；(d)地基破坏过程的三个阶段

由 P-S 曲线可知，Oa 段近似于直线段，相应在 a 点，地基中开始出现塑性变形，a 点达到的荷载称为临塑荷载，以 P_{cr} 表示。

2. 剪切阶段

在 P-S 曲线上的 ab 段，此阶段中，变形的速率随着荷载的增加而增大，P-S 曲线是下弯的曲线。在地基的局部区域内，出现了塑性变形，发生了剪切破坏，如图 4-9(b)所示。随着荷载的增加，地基中的塑性变形区的范围逐渐向整体剪切破坏扩展。此阶段是地基由稳定状态向不稳定状态发展的过渡性阶段。

由 P-S 曲线可知，ab 段不再为直线段，属弹塑性变形阶段，相应于 b 点的荷载称为极限荷载，以 P_u 表示。

3. 破坏阶段

在 P-S 曲线上的 b 点以下，从 b 点开始，若再增大荷载，则剪切破坏区不断增大，在土中形成连续的滑裂面，基础周围土体隆起，地基土产生破坏，如图 4-9(c)所示，此阶段为破坏阶段。

从以上地基破坏过程的分析可以得出，在地基变形过程中，作用在上面的荷载有两个，一个是临塑荷载；另一个是极限荷载。显然，以极限荷载作为地基承载力是不安全的，而将临塑荷载作为地基承载力，又过于保守。所以，地基的容许承载力，应该在介于二者之间选取。

（二）局部剪切破坏

地基中剪切面延伸到一定位置，未扩展到地面。一般发生在黏性土或中密砂土，基础埋深较浅或基础埋深较大时，无论砂类土还是黏性土的地基中。最常见的破坏形态就是局部剪切破坏。

（三）冲剪破坏

基础边缘形成的剪切破坏面垂直向下发展，一般发生在松软或其他松散结构的地基土中。

以上三种破坏形态，第一种破坏形态在理论上研究较多；第三种破坏形态在理论上研究很少，因为作为建筑物地基，很少选择在松散或者其他松散结构的土层上，所以没有必要去研究；第二种破坏形态在天然地基中可能遇到，其理论在前一阶段发展较慢，近年来，研究已经有了突破性进展。

二、地基的临塑荷载

$P\text{-}S$ 曲线的比例极限是指在外荷载作用下，地基刚刚出现塑性变形开始，即地基由弹性变形转入塑性变形的临界状态。此时，该点所对应的荷载即临塑荷载 P_σ。

通过研究地基中任一点 M 处产生的最大、最小主应力和该点的最大、最小主应力应满足的极限平衡条件，整理后可得：

$$z = \frac{P - \gamma d}{\pi \gamma}\left(\frac{\sin\beta_0}{\sin\varphi} - \beta_0\right) - \frac{c}{\gamma \tan\varphi} - d \qquad (4\text{-}13)$$

式(4-13)为塑性区的边界方程，根据式(4-13)可绘出塑性区的边界线，如图 4-10 所示。

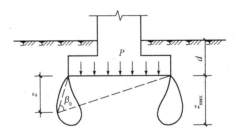

图 4-10　条形基础底面边缘的塑性区

塑性区的最大深度 $z_{\max}$ 为

$$z_{\max} = \frac{P - \gamma d}{\pi \gamma}\left[\cot\varphi - \left(\frac{\pi}{2} - \varphi\right)\right] - \frac{c}{\gamma \tan\varphi} - d \qquad (4\text{-}14)$$

当荷载增大时，塑性区的范围也随着增大，若 $z_{\max} = 0$ 表示地基中刚要出现但还未出现塑性区，相应的荷载为临塑荷载 P_σ。因此，在式(4-14)中令 $z_{\max} = 0$，得临塑荷载的表达式如下：

$$P_\sigma = \frac{\pi(\gamma d + c\cot\varphi)}{\cot\varphi + \varphi - \dfrac{\pi}{2}} + \gamma d \qquad (4\text{-}15)$$

式中　P_σ——地基的临塑荷载(kPa)；

γ——地基土的重度，地下水水位以下用浮重度(kN/m³)；

d——基础的埋置深度(m)；

c——基础底面以下土的黏聚力(kPa);

φ——基础底面以下土的内摩擦角$[(°)]$。

三、地基的界限荷载

工程实践证明,对于一般地基土,即使地基中存在塑性区,只要塑性区的范围不超过某一限度,就不至于影响建筑物的安全和使用。因此,以临塑荷载作为地基承载力是偏于保守的。但地基中的塑性区究竟容许发展多大范围,与建筑物的性质、荷载的性质以及土的特性等因素有关,在这方面还没有一致和肯定的意见,国内某些地区的经验认为,在中心垂直荷载作用下,塑性区的最大深度 z_{max} 可以控制在基础宽度的 $1/4$,相应的荷载用 $P_{1/4}$ 表示,称为界限荷载。《建筑地基基础设计规范》(GB 50007—2011)也以 $P_{1/4}$ 作为确定地基承载力特征值的依据之一。

在式(4-14)中,令 $z_{max}=b/4$,得 $P_{1/4}$ 计算公式如下:

$$P_{1/4}=\frac{\pi\left(\gamma d+c\cot\varphi+\frac{1}{4}\gamma b\right)}{\cot\varphi+\varphi-\frac{\pi}{2}}+\gamma d \tag{4-16}$$

式中 $P_{1/4}$——地基的界限荷载(kPa);

γ——地基土的重度,地下水水位以下用浮重度(kN/m³);

d——基础的埋置深度(m);

c——基础底面以下土的黏聚力(kPa);

φ——基础底面以下土的内摩擦角$[(°)]$;

b——基础的宽度(m)。

第五节　地基的极限承载力

地基的极限荷载是指在外荷载的作用下,地基中各点的应力均达到极限平衡时的基底接触压力,用 P_u 表示。在地基承载力理论中,对于极限承载力,尤其对整体剪切破坏地基的极限承载力的计算研究得较多。这是因为该理论概念明确,而且将可能发生整体剪切破坏的地基作为刚塑性材料的假设,也是比较符合实际情况的。整体剪切破坏的模式有完整连续的滑动面,$P\text{-}S$ 曲线有明显的拐点,因此,使理论公式易于接受室内模型试验、现场载荷试验和工程实际的经验。总之,目前极限承载力公式主要适用于整体剪切破坏的地基。对于局部剪切破坏及冲剪破坏的情况,还没有可靠的计算方法,工程实践中常采用的办法是:按照整体破坏的公式进行计算,再作出某种折减。

下面介绍两种具有代表性的极限承载力公式。

一、普朗特尔承载力理论

1920 年,普朗特尔(L. Prandtl)根据塑性理论,研究刚性冲模压入无质量的半无限刚塑性介质时,导出了介质达到破坏时的滑动面形状和极限压应力公式,人们将他的解应用到地基极限承载力的课题。

根据土体极限平衡理论，假设将一无限长的、底面光滑的条形荷载板置于无质量的土的表面上，当荷载板下的土体处于塑性平衡状态时，普朗特尔根据塑性力学理论得到地基滑动面的形状，如图 4-11 所示。地基的极限平衡区可分为三个区：在基底下的 I 区称为主动土压力区，因为假设基底无摩擦力，故基底平面是最大主应力面，即基底竖向压力 P_u 是最大主应力，对称面上的水平向压力是最小主应力，两组滑动面与基础底面间成 $(45° + \varphi/2)$ 角，随着基础下沉，土向两侧挤压。III 区称为被动土压力区，水平向应力为最大主应力，滑动面与基础底面间成 $(45° - \varphi/2)$ 角。I 区与 III 区的中间是过渡区 II 区，II 区的滑动面是一组辐射线（ac、ab 和 $a'c'$、$a'b$），另一组是对数螺旋曲线（bc'、bc）。

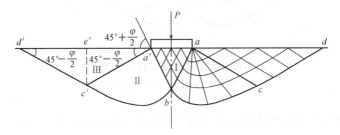

图 4-11　普朗特尔极限荷载公式滑动面

普朗特尔得出的极限承载力公式为

$$P_u = cN_c \tag{4-17}$$

式中　c——地基土的黏聚力（kPa）；

　　　N_c——承载力系数，与土的内摩擦角有关，按下式计算：

$$N_c = \cot\varphi \left[\exp(\pi\tan\varphi)\tan^2\left(45° + \frac{\varphi}{2}\right) - 1 \right] \tag{4-18}$$

在实际工程中，基础都具有一定的埋置深度，现将基底水平面以上的土重用均布超载 $q = \gamma d$ 代替，雷斯诺（Reissner，1924）在普朗特尔理论的基础上，导出极限承载力还须加一项，即

$$P_u = cN_c + qN_q \tag{4-19}$$

式中　N_c，N_q——承载力系数，与土的内摩擦角有关，按下面两个公式计算：

$$N_q = \exp(\pi\tan\varphi)\tan^2\left(45° + \frac{\varphi}{2}\right) \tag{4-20}$$

$$N_c = (N_q - 1)\cot\varphi \tag{4-21}$$

普朗特尔理论奠定了极限承载力理论的基础。其后，众多学者在各自研究成果的基础上，对普朗特尔理论作出了不同程度的修正和改进，从而使极限承载力理论逐步得以完善。最具代表性的理论就是太沙基理论。

二、太沙基承载力理论

实际上，基底往往是粗糙的，太沙基假设基底与土之间的摩擦力阻止了在基底处剪切位移的发生，因此，直接在基底以下的土不发生破坏而处于弹性平衡状态，在荷载作用下，视为"弹性核"随着基础一起向下移动，下移的弹性核挤压两侧土体，使地基破坏，形成滑裂线网（图 4-12）。太沙基还考虑了土体的重度作用，但是忽略了土的重度对滑动面形状的影响。

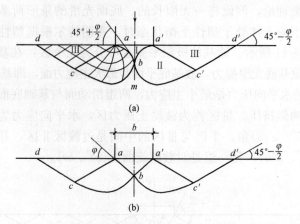

图 4-12　太沙基极限荷载公式滑动面

(a)理论的滑动面；(b)简化的滑动面

根据极限平衡概念和隔离体的平衡条件求极限承载力的近似解，太沙基公式为

$$P_u = cN_c + qN_q + \frac{1}{2}\gamma bN_\gamma \qquad (4\text{-}22)$$

式中　c——地基土的黏聚力（kPa）；

$\quad\quad q$——均布荷载，$q = rd$（kN/m²）；

$\quad\quad \gamma$——地基土的重度，地下水水位以下用浮重度（kN/m³）；

$\quad\quad b$——基础的宽度（m）；

$\quad\quad d$——基础的埋置深度（m）；

$\quad\quad N_c$，N_q，N_γ——承载力系数，与土的内摩擦角 φ 有关，太沙基将其绘制成曲线（图4-13），图中实线可直接查用。

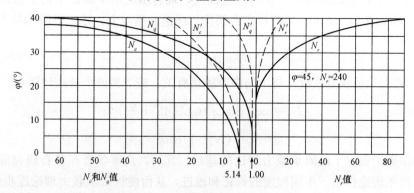

图 4-13　太沙基地基承载力系数

对于局部剪切破坏，太沙基建议用经验方法调整抗剪强度指标 c 和 φ，即用

$$c' = \frac{2}{3}c$$

$$\varphi' = \arctan\left(\frac{2}{3}\tan\varphi\right)$$

则对于局部剪切破坏的极限承载力公式变为

$$P_u = \frac{2}{3}cN_c' + qN_q' + \frac{1}{2}\gamma bN_\gamma' \tag{4-23}$$

式中的 N_c'、N_q'、N_γ'是相应于局部剪切破坏情况下的承载力系数，由图 4-13 中的虚线查得。

【例 4-2】 有一条形基础，$b=2.5$ m，$d=1.6$ m，地基土的重度 $\gamma=19$ kN/m³，内摩擦角 $\varphi=20°$，黏聚力 $c=17$ kPa，按太沙基公式求地基的极限承载力。

解： 由 $\varphi=20°$，查图 4-13 曲线可得：

$$N_c=15，N_q=6.5，N_\gamma=3.5$$

由式(4-22)计算极限承载力：

$$P_u = cN_c + qN_q + \frac{1}{2}\gamma bN_\gamma$$

$$= 17 \times 15 + 19 \times 1.6 \times 6.5 + \frac{1}{2} \times 19 \times 2.5 \times 3.5$$

$$= 536 (\text{kPa})$$

所以，按太沙基公式求出的地基极限承载力为 536 kPa。

第六节　地基承载力的确定

一、地基承载力特征值

在保证地基强度和稳定的条件下，使建筑物的沉降量和沉降差不超过允许值的地基承载力称为地基承载力特征值，以 f_a 表示。

确定地基承载力特征值的方法：由现场载荷试验得到的 P-S 曲线确定；按动力、静力触探等方法确定；理论公式计算和参照邻近建筑物的工程经验确定。在具体工程中，应根据地基岩土条件并结合当地工程经验，选择确定地基承载力的适当方法，必要时可以按多种方法综合确定。下面简单介绍一下确定地基承载力的方法。

二、确定地基承载力特征值的方法

（一）载荷试验确定地基承载力特征值

现场载荷试验是工程地质勘察工作中的一项原位测试，可获得地基土的 P-S 曲线。下面重点介绍如何依据 P-S 曲线确定地基承载力特征值。

1. 对于密实砂土、硬塑黏土等低压缩性土

其 P-S 曲线通常有比较明显的起始直线段和极限值，即呈急进破坏的"陡降型"，如图 4-14 所示。

当 $P_u \geq 2.0P_\sigma$ 时，取 P_σ（比例界限荷载）作为地基承载力特征值；当 $P_u < 2.0P_\sigma$ 时，取 $P_u/2$ 作为地基承载力特征值。

2. 对于松砂、填土、较软的黏性土等高压缩性土

其 P-S 曲线往往无明显的转折点，呈渐进破坏的"缓变型"，如图 4-15 所示。

取沉降 $S=(0.01\sim0.015)b$（b 为承压板宽度或直径）所对应的荷载作为地基承载力特征值，但其值不应大于最大加载量的一半。

对同一土层，宜选取三个以上的试验点，并取其平均值作为该土层的地基承载力特征值 f_{ak}。

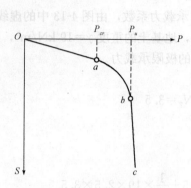

图 4-14　低压缩性土的 P-S 曲线

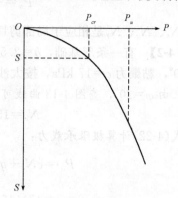

图 4-15　高压缩性土的 P-S 曲线

(二)按动力、静力触探等方法确定地基承载力特征值

原位测试方法除载荷试验外，还有动力触探、静力触探、十字板剪切试验和旁压试验等方法。

各地应以载荷试验数据为基础，积累和建立相应的测试数据与地基承载力的相关关系，这种相关关系具有地区性和经验性，对于大量建设的丙级地基基础是非常适用的。

(三)凭建筑经验确定地基承载力特征值

在拟建建筑物的邻近地区，常常有着各种各样的在不同时期内建造的建筑物。调查这些已有建筑物的形式、构造特点、基底压力大小、地基土层情况以及这些建筑物是否有裂缝、倾斜和其他损坏现象，根据这些进行详细的分析和研究，对于新建建筑物地基土的承载力的确定，具有一定的参考价值。

这种方法一般适用于荷载不大的中、小型工程。

三、修正后的地基承载力特征值

当基础宽度大于 3 m 或埋置深度大于 0.5 m 时，从载荷试验或其他原位测试、经验等方法确定的地基承载力特征值，应按下式进行修正：

$$f_a = f_{ak} + \eta_b \gamma(b-3) + \eta_d \gamma_m (d-0.5) \tag{4-24}$$

式中　f_a——修正后的地基承载力特征值(kPa)；

f_{ak}——地基承载力特征值(kPa)；

η_b，η_d——地基承载力修正系数，查表 4-1 选用；

γ——基底下土的重度，地下水水位以下取浮重度(kN/m³)；

b——基底宽度，当基底宽度小于 3 m 时按 3 m 取值，大于 6 m 时按 6 m 取值(m)；

γ_m——基底以上土的加权平均重度，地下水水位以下取浮重度(kN/m³)；

d——基础埋置深度，宜自室外地面标高算起(m)。在填方整平地区，可自填土地面标高算起，但填土在上部结构施工后完成时，应从天然地面标高算起，对于地下室，如采用箱形基础或筏形基础，基础埋置深度应自室外地面标高算起，当采用独立基础或条形基础时，应从室内地面标高算起。

表 4-1　承载力修正系数

土的类别			η_b	η_d
淤泥和淤泥质土			0	1.0
人工填土 e 或 I_L 大于等于 0.85 的黏性土			0	1.0
红黏土	含水比 $\alpha_w>0.8$		0	1.2
红黏土	含水比 $\alpha_w\leqslant0.8$		0.15	1.4
大面积压实填土	压实系数大于 0.95、黏粒含量 $\rho_c\geqslant10\%$ 的粉土		0	1.5
大面积压实填土	最大干密度大于 2 100 kg/m³ 的级配砂石		0	2.0
粉土	黏粒含量 $\rho_c\geqslant10\%$ 的粉土		0.3	1.5
粉土	黏粒含量 $\rho_c<10\%$ 的粉土		0.5	2.0
e 及 I_L 均小于 0.85 的黏性土			0.3	1.6
粉砂、细砂(不包括很湿与饱和时的稍密状态)			2.0	3.0
中砂、粗砂、砾砂和碎石土			3.0	4.4

注：1. 强风化和全风化的岩石，可参照所风化成的相应土类取值，其他状态下的岩石不修正。

　　2. 地基承载力特征值按《建筑地基基础设计规范》(GB 50007—2011)附录 D 深层平板载荷试验确定时 η_d 取 0。

　　3. 含水比是指土的天然含水量与液限的比值。

　　4. 大面积压实填土是指填土范围大于两倍基础宽度的填土。

本章小结

　　本章主要介绍了土的抗剪强度公式、土的极限平衡条件和抗剪强度指标的试验测定方法。土的抗剪强度理论是研究与计算地基承载力和分析地基承载稳定性的基础。土的抗剪强度可以采用库仑公式表达，基于莫尔-库仑强度理论导出的土的极限平衡条件是判定土中一点平衡状态的基准。土的抗剪强度指标 c、φ 值一般通过试验确定，试验条件尤其是排水条件对强度指标将带来很大的影响，故在选择抗剪强度指标时应尽可能符合工程实际的受力条件和排水条件。本章还主要介绍了地基变形的三个阶段及相应的荷载，确定地基承载力常见的几种理论方法。地基承载力是指地基土单位面积上所能承受的荷载的能力，通常把地基土单位面积上所能承受的最大荷载称为极限荷载或极限承载力。如果基底压力超过地基的极限承载力，地基就会失稳破坏。工程中地基承载力达到极限状态而发生破坏的实例虽然较少，但一旦发生这类破坏，后果将非常严重。由于地基土的复杂性，准确确定地基极限承载力变得非常困难。目前工程实际中使用的承载力指标许多已包含了沉降控制，带有较大的经验性，在此应引起特别注意。

思考与练习

1. 什么是土的抗剪强度？

2. 简述莫尔-库仑强度理论的内容。

3. 库仑定律是如何表示的？砂土和黏性土的抗剪强度表达式有何不同？

4. 什么是直接剪切试验，其优、缺点是什么？

5. 什么是三轴压缩试验，其优、缺点是什么？

6. 什么是十字板剪切试验？

7. 地基破坏的形式有哪几种？

8. 什么是临塑荷载和界限荷载？

9. 太沙基承载力公式的适用条件是什么？

10. 设砂土地基中一点的最大主应力 $\sigma_1 = 400$ kPa，最小主应力 $\sigma_3 = 200$ kPa，砂土的内摩擦角 $\varphi = 25°$，黏聚力 $c = 0$，试判断该点是否破坏。

11. 设地基中某一点的最大主应力 $\sigma_1 = 450$ kPa，最小主应力 $\sigma_3 = 200$ kPa，土的内摩擦角 $\varphi = 20°$，黏聚力 $c = 50$ kPa，问该点处于什么状态？

第五章 土压力与边坡稳定分析

第一节 土压力类型及影响因素

挡土墙是防止土体坍塌的构筑物，广泛应用于房屋建筑、铁路、桥梁以及水利工程中。如支撑建筑物周围填土的挡土墙、房屋地下室的侧墙、桥台、堆放散粒材料的挡土墙等，如图 5-1 所示。

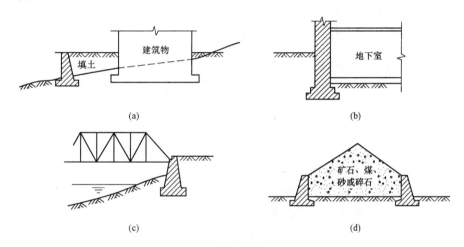

图 5-1 挡土墙应用示例
(a)建筑物周围填土的挡土墙；(b)房屋地下室的侧墙；(c)桥台；(d)堆放散粒材料的挡土墙

无论是哪种形式或类型的挡土墙，在墙背均作用有侧向土压力。因此，合理确定侧向土压力的大小是设计挡土墙的关键问题。根据研究，挡土墙墙背所受土压力性质及大小与墙位移方向、大小，墙后填料性质，填土高度以及墙与土之间摩擦系数大小等因素有关。因此，要想精确计算墙后土压力，特别是计算挡土墙结构正常状态时的土压力是一个复杂的问题。实践表明，在工程设计中，通过一些简化假设计算出的土压力并采用一定安全系数，是可以保证工程安全的。

一、土压力的类型

挡土墙土压力的大小及其分布规律受到墙体可能的移动方向、墙后填土的种类、填土面的形式、墙的截面刚度和地基的变形等一系列因素的影响。根据墙的位移情况和墙后土体所处的应力状态，土压力可分为以下三种。

(一)主动土压力

如果挡土墙在土压力作用下背离填土方向移动或转动,随着位移的增大,墙后土压力逐渐减小,当达到某一位置时,土体将出现滑裂面,墙后填土处于主动极限平衡状态,这时作用在墙背上的土压力称为主动土压力,用 E_a 表示,如图5-2(a)所示。

(二)被动土压力

如果挡土墙在外力作用下向填土方向移动或转动,墙体挤压土体,墙后土压力逐渐增大,当达到某一位移量时,土体将出现滑裂面,墙后填土处于被动极限平衡状态,这时作用在墙背上的土压力称为被动土压力,用 E_p 表示,如图5-2(b)所示。

(三)静止土压力

当挡土墙静止不动,土体处于弹性平衡状态时,土对墙的压力称为静止土压力,用 E_0 表示,如图5-2(c)所示,地下室外墙可视为受到静止土压力的作用。

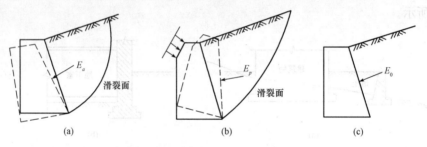

图 5-2 挡土墙上的三种土压力

(a)主动土压力;(b)被动土压力;(c)静止土压力

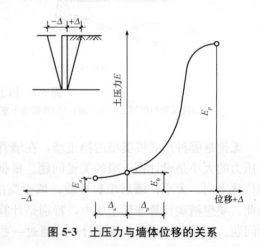

土压力的计算理论主要有古典的朗肯土压力理论和库仑土压力理论。自库仑土压力理论发表以来,人们先后进行过多次多种的挡土墙模型试验、原型观测和理论研究。试验研究表明,上述三种土压力的移动情况和它们在相同条件下的数值比较,主动土压力小于静止土压力,而静止土压力又小于被动土压力,即 $E_a < E_0 < E_p$,而且产生被动土压力所需的位移量 Δ_p 大大超过产生主动土压力所需的位移量 Δ_a(图5-3)。

图 5-3 土压力与墙体位移的关系

二、土压力的影响因素

土压力的计算是个比较复杂的问题。除挡土墙位移外,土压力的性质、分布、大小还与墙后填土的性质、有无地下水、墙和土的相对位移量、土体与墙之间的摩擦、挡土墙类型等因素有关。

主动和被动土压力是特定条件下的土压力,仅当墙有足够大的位移或转动时才能产生。另外,当墙和填土都相同时,产生被动土压力所需位移比产生主动土压力所需位移要大得多。当墙体离开填土移动时,位移量很小,即发生主动土压力。当墙体从静止位移被外力推向土体时，只有当位移量大到相当值后，才达到稳定的被动土压力值。而实际工程中对这样大小的位移量是不容许的，通常情况下，作用在墙上的土压力可能是主动土压力和被动土压力之间的某一数值。

第二节　静止土压力计算

静止土压力可以按下述方法计算，在填土表面下任意深度 z 处取一微小单元体（图5-4），其上作用着竖向的土的自重应力，则该处的静止土压力强度可按下式计算：

$$\sigma_0 = K_0 \gamma z \qquad (5\text{-}1)$$

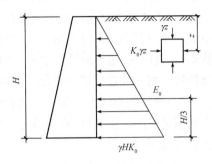

图5-4　静止土压力计算

式中　K_0——静止土压力系数；

z——填土顶面至任一点的深度（m）；

γ——墙后填土重度（kN/m³）。

由式(5-1)可知，静止土压力沿墙高为三角形分布，如图5-4所示，如果取单位墙长，则作用在墙上的静止土压力为

$$E_0 = \frac{1}{2} \gamma H^2 K_0 \qquad (5\text{-}2)$$

式中　H——挡土墙高度（m）。

土压力方向垂直指向墙背，作用点距墙底 $\dfrac{H}{3}$ 处。

静止土压力系数 K_0 与土的性质和密实程度等因素有关，一般可以通过侧限条件下的试验测定，也可采用经验值。一般砂土可取 0.35～0.50，黏性土可取 0.50～0.70。对正常固结土，也可近似按半经验公式计算：$K_0 = 1 - \sin\varphi$（φ 为土的内摩擦角）。

【例5-1】 已知某重力式挡土墙，墙高 $H = 6$ m，墙背竖直，墙后填土表面水平，填土为砂土，重度 $\gamma = 20$ kN/m³，静止土压力系数 $K_0 = 0.5$。计算作用在该挡土墙上的静止土压力合力并绘出土压力分布图。

解：挡土墙底部的静止土压力：

$$\sigma_0 = K_0 \gamma H = 0.5 \times 20 \times 6 = 60 (\text{kPa})$$

挡土墙静止土压力合力：

$$E_0 = \frac{1}{2} \gamma H^2 K_0 = \frac{1}{2} \times 20 \times 6^2 \times 0.5 = 180 (\text{kN/m})$$

静止土压力合力作用点位于距墙底 $\dfrac{H}{3} = \dfrac{6}{3} = 2 (\text{m})$

处，方向垂直指向墙背，如图5-5所示。

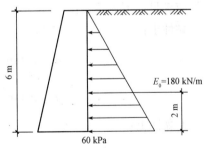

图5-5　静止土压力分布图

第三节　朗肯土压力理论

朗肯土压力理论是根据半空间的应力状态和土的极限平衡条件而得出的土压力计算方法。

土体处于弹性平衡状态，土体向下和沿水平方向都伸展至无穷，在距地表 z 处取一微单元体 M，当整个土体都处于静止状态时，各点都处于弹性平衡状态。设土的重度为 γ，显然，单元体 M 水平截面上的法向应力等于该处土的自重应力，即 $\sigma_z = \gamma z$。而竖直截面上的法向应力为 $\sigma_x = K_0 \gamma z$。

由于土体内每一竖直面都是对称面，因此竖直截面和水平截面上的剪应力都等于零，因而相应截面上的法向应力 σ_x 和 σ_z 都是主应力，此时土体处于弹性平衡状态。设想由于某种原因整个土体在水平方向均匀地伸展或压缩，使土体由弹性平衡状态转为塑性平衡状态。

（1）主动朗肯状态。如果土体在水平方向伸展，则 M 单元在水平截面上的法向应力 σ_z 不变而竖直截面上的法向应力 σ_x 却逐渐减小，直至满足极限平衡条件为止（称为主动朗肯状态），此时 σ_x 达到最低限值 σ_a。因此，σ_a 是最小主应力，而 σ_z 是最大主应力，若土体继续伸展，则只能造成塑性流动，而不改变其应力状态。

（2）被动朗肯状态。如果土体在水平方向压缩，那么 σ_x 不断增加而 σ_z 却仍保持不变，直到满足极限平衡条件（称为被动朗肯状态）时 σ_x 达到最大限值 σ_p，这时 σ_p 是最大主应力，而 σ_z 是最小主应力。

（3）剪切破坏面的夹角。由于土体处于主动朗肯状态时最大主应力所作用的面是水平面，故剪切破坏面与竖直面的夹角为 $\left(45° - \dfrac{\varphi}{2}\right)$，当土体处于被动朗肯状态时，最大主应力的作用面是竖直面，故剪切破坏面与水平面的夹角为 $\left(45° - \dfrac{\varphi}{2}\right)$，因此，整个土体由互相平行的两组剪切面组成。

（4）朗肯设想。朗肯将上述原理应用于挡土墙土压力计算中，他设想墙背竖直，墙后填土面水平，如果墙背与土的接触面上满足剪应力为零的边界应力条件以及产生主动或被动朗肯状态的边界变形条件，则墙后土体的应力状态不变，由此可以推导出主动和被动土压力计算公式。

一、主动土压力

由土的强度理论可知，当土体中某点处于极限平衡状态时，最大主应力和最小主应力之间应满足以下关系式：

黏性土：

$$\sigma_1 = \sigma_3 \tan^2\left(45° + \frac{\varphi}{2}\right) + 2c\tan\left(45° + \frac{\varphi}{2}\right) \tag{5-3}$$

$$\sigma_3 = \sigma_1 \tan^2\left(45° - \frac{\varphi}{2}\right) - 2c\tan\left(45° - \frac{\varphi}{2}\right) \tag{5-4}$$

无黏性土：

$$\sigma_1 = \sigma_3 \tan^2\left(45° + \frac{\varphi}{2}\right) \tag{5-5}$$

$$\sigma_3 = \sigma_1 \tan^2\left(45° - \frac{\varphi}{2}\right) \tag{5-6}$$

对于图 5-6 所示的挡土墙，假设墙背光滑（为了满足剪应力为零的边界应力条件）、直立，填土面水平。当挡土墙偏离土体时，由于墙后土体中离地表任意深度处的竖向应力 $\sigma_z = \gamma z$ 不变，即最大主应力不变，而水平应力 σ_x 却逐渐减小直至产生主动朗肯状态，此时 σ_x

是最小主应力 σ_a，也就是主动土压力。

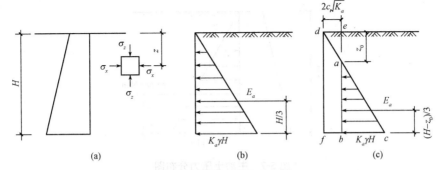

图 5-6 主动土压力分布图

(a)主动土压力计算；(b)无黏性土主动土压力；(c)黏性土主动土压力

（一）无黏性土的主动土压力 E_a

无黏性土的主动土压力强度与 z 成正比，沿墙高的压力分布为三角形，如图 5-6(b)所示，则主动土压力为

$$\sigma_a = K_a \gamma z \tag{5-7}$$

式中　σ_a——主动土压力(kPa)；

　　　K_a——主动土压力系数，$K_a = \tan^2\left(45° - \dfrac{\varphi}{2}\right)$；　　　　　　　　(5-8)

　　　φ——填土的内摩擦角[(°)]。

无黏性土的主动土压力合力为

$$E_a = \psi_a \frac{1}{2}\sigma_a H = \psi_c \frac{1}{2}K_a \gamma H^2 \tag{5-9}$$

式中　ψ_a——主动土压力增大系数，土坡高度小于 5 m 时宜取 1.0，高度为 5～8 m 时宜取
　　　　　　1.1，高度大于 8 m 时宜取 1.2；

　　　E_a——通过三角形的形心，即作用在离墙底 $\dfrac{H}{3}$ 处。

【例 5-2】　某挡土墙高 $H = 5$ m，墙背竖直，墙后填土表面水平，填土为砂土($c=0$)，其重度 $\gamma = 18$ kN/m^3，内摩擦角 $\varphi = 30°$。求作用在墙背上的主动土压力合力并绘出土压力分布图。

解：主动土压力系数：

$$K_a = \tan^2\left(45° - \frac{\varphi}{2}\right) = \tan^2\left(45° - \frac{30°}{2}\right) = 0.33$$

挡土墙底部的主动土压力：

$$\sigma_a = K_a \gamma H = 0.33 \times 18 \times 5 = 29.7 \text{(kPa)}$$

挡土墙主动土压力合力：

$$E_a = \psi_o \frac{1}{2}\sigma_a H = 1.1 \times \frac{1}{2} \times 29.7 \times 5 = 81.68 \text{(kN/m)}$$

主动土压力合力作用点距墙底距离：

$$\frac{H}{3} = \frac{5}{3} = 1.67 \text{(m)}$$

方向垂直指向墙背，如图 5-7 所示。

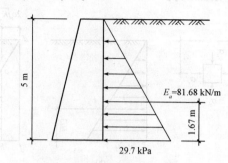

图 5-7　主动土压力分布图

(二)黏性土的主动土压力 E_a

由式(5-4)可知，黏性土的主动土压力强度包括两部分：一部分是由土的自重引起的土压力 $K_a\gamma z$；另一部分是由黏聚力 c 引起的负侧压力 $2c\sqrt{K_a}$，这两部分土压力叠加的结果如图 5-6(c)所示，则主动土压力为

$$\sigma_a = K_a\gamma z - 2c\sqrt{K_a} \tag{5-10}$$

式中，K_a 为主动土压力系数，其中 ade 部分是负侧压力，对墙背是拉力，但实际上墙与土在很小的拉力作用下就会分离，故在计算土压力时，这部分应略去不计，因此黏性土的土压力分布仅是 abc 部分。a 点离填土面的深度 z_0 常称为临界深度，在填土面无荷载的条件下，可令式(5-10)为零求得 z_0 值，即

$$\sigma_a = \gamma z_0 K_a - 2c\sqrt{K_a} = 0 \tag{5-11}$$

得：

$$z_0 = \frac{2c}{\gamma\sqrt{K_a}} \tag{5-12}$$

黏性土的主动土压力合力为

$$E_a = \psi_a \frac{1}{2}(H - z_0)\sigma_a = \psi_a \frac{1}{2}(H - z_0)(K_a\gamma H - 2c\sqrt{K_a}) \tag{5-13}$$

E_a 通过三角形的形心，即作用在离墙底 $\dfrac{H - z_0}{3}$ 处。

【例 5-3】 某挡土墙高 $H=5$ m，墙背竖直，墙后填土表面水平，填土为黏性土，其重度 $\gamma=18$ kN/m³，内摩擦角 $\varphi=30°$，黏聚力 $c=10$ kPa，求作用在墙背上的主动土压力合力并绘出土压力分布图。

解： 主动土压力系数：

$$K_a = \tan^2\left(45° - \frac{\varphi}{2}\right) = \tan^2\left(45° - \frac{30°}{2}\right) = 0.33$$

临界深度：

$$z_0 = \frac{2c}{\gamma\sqrt{K_a}} = \frac{2\times10}{18\times\sqrt{0.33}} = 1.93(\text{m})$$

挡土墙底部的主动土压力：

$$\sigma_a = K_a\gamma H - 2c\sqrt{K_a}$$
$$= 0.33\times18\times5 - 2\times10\times\sqrt{0.33} = 18.21(\text{kPa})$$

挡土墙主动土压力合力：

$$E_a = \psi_a \frac{1}{2} \sigma_a H = 1.1 \times \frac{1}{2} \times 18.21 \times 5 = 50.08 (\text{kN/m})$$

主动土压力合力作用点距墙底距离：

$$\frac{H - z_0}{3} = \frac{5 - 1.93}{3} = 1.02 (\text{m})$$

方向垂直指向墙背，如图5-8所示。

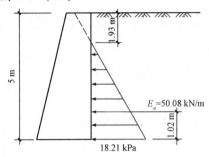

图5-8　主动土压力分布图

二、被动土压力

当墙受到外力作用而推向土体时，如图5-9所示，填土中任意一点的竖向应力 $\sigma_z = \gamma z$ 仍不变，而水平向应力 σ_x 却逐渐增大，直至出现被动朗肯状态，此时 σ_x 达最大限值 σ_p，因此 σ_p 是大主应力，也就是被动土压力强度，σ_z 是小主应力。

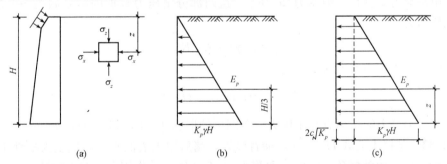

图5-9　被动土压力分布图
(a)被动土压力计算；(b)无黏性土被动土压力；(c)黏性土被动土压力

（一）无黏性土被动土压力

与无黏性土的主动土压力分布相同，无黏性土的被动土压力强度同样与 z 成正比，沿墙高的压力分布为三角形，如图5-9(b)所示，则被动土压力为

$$\sigma_p = K_p \gamma z \tag{5-14}$$

式中　σ_p——被动土压力(kPa)；

　　　K_p——被动土压力系数，$K_p = \tan^2 \left(45° + \dfrac{\varphi}{2} \right)$ (5-15)

　　　φ——填土的内摩擦角[(°)]。

无黏性土的被动土压力合力为

$$E_p = \frac{1}{2}\sigma_p H = \frac{1}{2}K_p \gamma H^2 \tag{5-16}$$

被动土压力合力 E_p 的合力作用点也作用在离墙底 $\dfrac{H}{3}$ 处。

【例 5-4】 某挡土墙高 $H=5$ m，墙背竖直，墙后填土表面水平，填土为砂土（$c=0$），其重度 $\gamma=18$ kN/m³，内摩擦角 $\varphi=30°$。求作用在墙背上的被动土压力合力并绘出土压力分布图。

解： 被动土压力系数：

$$K_p = \tan^2\left(45° + \frac{\varphi}{2}\right) = \tan^2\left(45° + \frac{30°}{2}\right) = 1.73$$

挡土墙底部的被动土压力：

$$\sigma_p = K_p \gamma H = 1.73 \times 18 \times 5 = 155.7\,(\text{kPa})$$

挡土墙被动土压力合力：

$$E_p = \frac{1}{2}\sigma_p H = \frac{1}{2} \times 155.7 \times 5 = 389.25\,(\text{kN/m})$$

被动土压力合力作用点距墙底距离：

$$\frac{H}{3} = \frac{5}{3} = 1.67\,(\text{m})$$

方向垂直指向墙背，如图 5-10 所示。

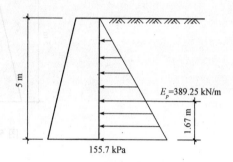

图 5-10　被动土压力分布图

（二）黏性土的被动土压力

黏性土的被动土压力强度也包括两部分：一部分是由土的自重引起的土压力 $K_p \gamma z$；另一部分是由黏聚力 c 引起的侧压力 $2c\sqrt{K_p}$，这两部分土压力叠加的结果如图 5-9(c) 所示，则被动土压力为

$$\sigma_p = K_p \gamma z + 2c\sqrt{K_p} \tag{5-17}$$

则黏性土的被动土压力合力为

$$E_p = \frac{1}{2}\gamma H^2 K_p + 2cH\sqrt{K_p} \tag{5-18}$$

被动土压力合力的作用点在土压力分布图形的形心处，即梯形的形心处。

【例 5-5】 某挡土墙高 $H=5$ m，墙背竖直，墙后填土表面水平，填土为黏性土，其重度 $\gamma=18$ kN/m³，内摩擦角 $\varphi=30°$，黏聚力 $c=10$ kPa，求作用在墙背上的被动土压力合力并绘出土压力分布图。

解： 被动土压力系数：

$$K_p = \tan^2\left(45° + \frac{\varphi}{2}\right) = \tan^2\left(45° + \frac{30°}{2}\right) = 3$$

挡土墙顶部的被动土压力：

$$\sigma_{p1} = 2c\sqrt{K_p} = 2 \times 10 \times \sqrt{3} = 34.64\,(\text{kPa})$$

挡土墙底部的被动土压力：

$$\sigma_{p2} = 2c\sqrt{K_p} + \gamma H K_p = 2 \times 10 \times \sqrt{3} + 18 \times 5 \times 3 = 34.64 + 270 = 304.64\,(\text{kPa})$$

挡土墙被动土压力合力：

$$E_p = \frac{1}{2}(\sigma_{p1} + \sigma_{p2})H = \frac{1}{2} \times (34.64 + 304.64) \times 5 = 848.2\,(\text{kN/m})$$

被动土压力合力作用点距墙底距离：

$$z = \frac{34.64 \times 5 \times \frac{5}{2} + \frac{1}{2} \times 270 \times 5 \times \frac{5}{3}}{848.2} = 1.84 \text{(m)}$$

方向垂直指向墙背，如图 5-11 所示。

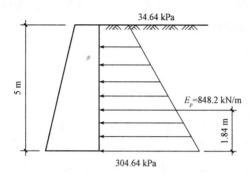

图 5-11 被动土压力分布图

三、几种常见情况下的主动土压力

朗肯土压力理论忽略了墙背摩擦力的作用，使主动土压力计算结果偏大，这在实际中是偏于安全的，因而，在工程中常用朗肯土压力理论计算挡土结构的土压力。下面以无黏性土为例介绍几种常见情况下的主动土压力计算。

（一）填土表面作用均布荷载

当挡土墙后填土面有连续均布荷载作用时，通常土压力的计算方法是将均布荷载换算成当量的土重，即用假想的土重代替均布荷载。当填土面水平时，如图 5-12 所示。当量的土层厚度为 $h = q/\gamma$。然后，将挡土墙高表示为 $(h+H)$，按填土面无荷载的情况计算土压力。

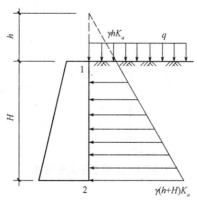

图 5-12 填土表面作用均布荷载的主动土压力

填土面 1 点的主动土压力强度为

$$\sigma_{a1} = \gamma h K_a = q K_a \tag{5-19}$$

墙底 2 点的土压力强度为

$$\sigma_{a2} = \gamma (h+H) K_a = (q + \gamma H) K_a \tag{5-20}$$

土压力合力是土压力分布图的面积，方向垂直指向墙背，作用线通过土压力分布图的形心。

【例 5-6】 某挡土墙高 $H=5$ m，墙背竖直，墙后填土表面水平，填土表面作用均布荷载 $q=10$ kN/m²，填土为砂土($c=0$)，其重度 $\gamma=18$ kN/m³，内摩擦角 $\varphi=30°$。求作用在墙背上的主动土压力合力并绘出土压力分布图。

解： 主动土压力系数：

$$K_a = \tan^2\left(45° - \frac{\varphi}{2}\right) = \tan^2\left(45° - \frac{30°}{2}\right) = 0.33$$

当量的土层厚度为：

$$h = q/\gamma = 10/18 = 0.55(\text{m})$$

填土面 1 点的主动土压力强度：

$$\sigma_{a1} = \gamma h K_a = q K_a = 10 \times 0.33 = 3.3(\text{kPa})$$

墙底 2 点的土压力强度：

$$\sigma_{a2} = \gamma(h+H)K_a = (q+\gamma H)K_a = (10 + 18 \times 5) \times 0.33 = 33(\text{kPa})$$

挡土墙主动土压力合力：

$$E_a = \frac{1}{2}\psi_a(\sigma_{a1}+\sigma_{a2})H = \frac{1}{2} \times 1.1 \times (3.3+33) \times 5 = 99.83(\text{kN/m})$$

主动土压力合力作用点距墙底距离：

$$z = \frac{3.3 \times 5 \times \dfrac{5}{2} + \dfrac{1}{2} \times (33-3.3) \times 5 \times \dfrac{5}{3}}{\dfrac{1}{2} \times (3.3+33) \times 5} = 1.82(\text{m})$$

方向垂直指向墙背，如图 5-13 所示。

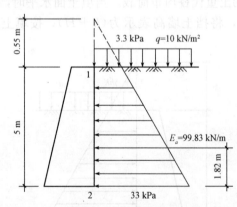

图 5-13　主动土压力分布图

(二)成层填土

如图 5-14 所示的挡土墙，墙后有几层不同种类的土层，在计算土压力时，第一层的土压力按均质土计算，土压力的分布为图 5-14 中的 ABD 部分；计算第二层土压力时，将第一层土按重度换算成与第二层土相同的当量土层，即其当量土层厚度为 $h_1' = h_1(\gamma_1/\gamma_2)$，然后以 $(h_1'+h_2)$ 为墙高，按均质土计算土压力，但只在第二层土层厚度范围内有效，如图 5-14 中的 $BEFC$ 部分。必须注意，由于各土层的性质不同，主动土压力系数也不同，

其主动土压力强度为

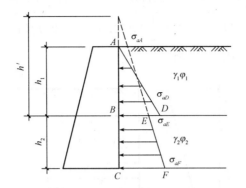

图 5-14 成层填土的主动土压力

$$\sigma_{aA} = 0 \tag{5-21}$$
$$\sigma_{aD} = \gamma_1 h_1 K_{a1} \tag{5-22}$$
$$\sigma_{aE} = \gamma_1 h_1 K_{a2} \tag{5-23}$$
$$\sigma_{aF} = (\gamma_1 h_1 + \gamma_2 h_2) K_{a2} \tag{5-24}$$

【例 5-7】 某挡土墙高 $H = 6$ m，墙背竖直，墙后填土表面水平，填土为两层：第一层为细砂土 $(c_1 = 0)$，厚度 $h_1 = 2$ m，重度 $\gamma_1 = 18$ kN/m³，内摩擦角 $\varphi_1 = 20°$；第二层为中砂土 $(c_2 = 0)$，厚度 $h_2 = 4$ m，重度 $\gamma_2 = 20$ kN/m³，内摩擦角 $\varphi_2 = 30°$，求作用在墙背上的主动土压力合力并绘出土压力分布图。

解：主动土压力系数：

$$K_{a1} = \tan^2\left(45° - \frac{\varphi_1}{2}\right) = \tan^2\left(45° - \frac{20°}{2}\right) = 0.49$$

$$K_{a2} = \tan^2\left(45° - \frac{\varphi_2}{2}\right) = \tan^2\left(45° - \frac{30°}{2}\right) = 0.33$$

主动土压力强度：

第一层土顶面的土压力强度：

$$\sigma_{aA} = 0$$

第一层土底面的土压力强度：

$$\sigma_{aD} = \gamma_1 h_1 K_{a1} = 18 \times 2 \times 0.49 = 17.64 (\text{kPa})$$

第二层土顶面的土压力强度：

$$\sigma_{aE} = \gamma_1 h_1 K_{a2} = 18 \times 2 \times 0.33 = 11.88 (\text{kPa})$$

第二层土底面的土压力强度：

$$\sigma_{aF} = (\gamma_1 h_1 + \gamma_2 h_2) K_{a2} = (18 \times 2 + 20 \times 4) \times 0.33 = 38.28 (\text{kPa})$$

挡土墙主动土压力合力：

$$E_{a1} = \frac{1}{2} \psi_a \sigma_{aD} h_1 = \frac{1}{2} \times 1.1 \times 17.64 \times 2 = 19.40 (\text{kN/m})$$

$$E_{a2} = \frac{1}{2} \psi_a (\sigma_{aE} + \sigma_{aF}) H = \frac{1}{2} \times 1.1 \times (11.88 + 38.28) \times 4 = 110.35 (\text{kN/m})$$

$$E_a = E_{a1} + E_{a2} = 19.40 + 110.35 = 129.75 (\text{kN/m})$$

主动土压力合力作用点距墙底处距离：

$$z=\frac{\frac{1}{2}\times2\times17.64\times\left(4+\frac{2}{3}\right)+4\times11.88\times2+\frac{1}{2}\times4\times(38.28-11.88)\times\frac{4}{3}}{\frac{1}{2}\times17.64\times2+\frac{1}{2}\times(11.88+38.28)\times4}=2.10(\text{m})$$

方向垂直指向墙背，如图 5-15 所示。

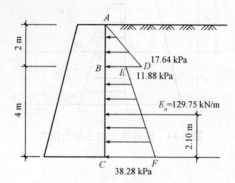

图 5-15 主动土压力分布图

（三）墙后填土有地下水

挡土墙后的回填土常会部分或全部处于地下水水位以下，地下水的存在将使土的含水量增加，抗剪强度降低，而使土压力增大，因此，挡土墙应该有良好的排水措施。当墙后填土有地下水时，作用在墙背上的侧压力有土压力和水压力两部分，计算土压力时假设地下水水位上下土的内摩擦角 φ 相同。在图 5-16 中，ABCED 部分为土压力分布图，DEF 部分为水压力分布图，总侧压力为土压力和水压力之和。

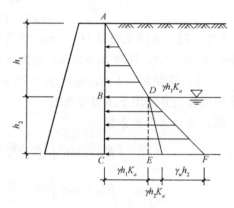

图 5-16 填土中有地下水时的主动土压力

【例 5-8】 某挡土墙高 $H=5$ m，墙背竖直，墙后填土表面水平，填土为砂土（$c=0$），其重度 $\gamma=18$ kN/m³，饱和重度 $\gamma_{sat}=20$ kN/m³，内摩擦角 $\varphi=30°$，地下水水位于填土面下 2 m 处，求作用在墙背上的总侧压力合力并绘出压力分布图。

解： 主动土压力系数：

$$K_a=\tan^2\left(45°-\frac{\varphi}{2}\right)=\tan^2\left(45°-\frac{30°}{2}\right)=0.33$$

主动土压力强度：

土层顶面土压力强度：

$$\sigma_{aA}=0$$

地下水水位处土压力强度：

$$\sigma_{aD}=\gamma h_1 K_a=18\times2\times0.33=11.88(\text{kPa})$$

墙底处土压力强度：

$$\sigma_{aE}=(\gamma h_1+\gamma' h_2)K_{a2}=[18\times2+(20-10)\times3]\times0.33=21.78(\text{kPa})$$

墙底处水压力强度：

$$\sigma_w = \gamma_w h_2 = 10 \times 3 = 30 (\text{kPa})$$

挡土墙主动土压力合力：

$$E_a = \psi_a \left[\frac{1}{2} \sigma_{aD} h_1 + \frac{1}{2} (\sigma_{aD} + \sigma_{aE}) h_2 \right]$$

$$= 1.1 \times \left[\frac{1}{2} \times 11.88 \times 2 + \frac{1}{2} \times (11.88 + 21.78) \times 3 \right]$$

$$= 68.61 (\text{kN/m})$$

挡土墙主动土压力合力：

$$E_w = \frac{1}{2} \sigma_w h_2 = \frac{1}{2} \times 30 \times 3 = 45 (\text{kN/m})$$

挡土墙总侧压力：

$$E = E_a + E_w = 68.61 + 45 = 113.61 (\text{kN/m})$$

挡土墙总侧压力合力作用点距墙底距离：

$$z = \frac{\frac{1}{2} \times 11.88 \times 2 \times \left(\frac{2}{3} + 3 \right) + 11.88 \times 3 \times \frac{3}{2} + \frac{1}{2} \times (21.78 - 11.88 + 30) \times 3 \times 1}{\frac{1}{2} \times 2 \times 11.88 + \frac{1}{2} \times (11.88 + 21.78 + 30) \times 3}$$

$$= 1.46 (\text{m})$$

方向垂直指向墙背，如图 5-17 所示。

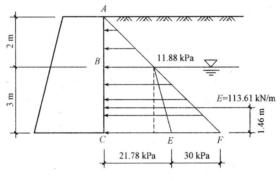

图 5-17　主动土压力分布图

第四节　库仑土压力理论

一、库仑主动土压力

库仑土压力理论是根据墙后土体处于极限平衡状态并形成一滑动楔体时，从楔体的静力平衡条件得出的土压力计算理论。其基本假设如下：

(1)墙后的填土是理想的散颗粒体(黏聚力 $c = 0$)。

(2)滑动破坏面为一平面。

一般挡土墙的计算均属于平面问题，故在下述讨论中均沿墙的长度方向取 1 m 进行分析，如图 5-18(a)所示。当墙向前移动或转动而使墙后土体沿某一破坏面 BC 破坏时，土楔 ABC 向下滑动而处于主动极限平衡状态。此时，作用于土楔 ABC 上的力有：

(1)土楔体的自重 $W = \triangle ABC \cdot \gamma$，$\gamma$ 为填土的重度，只要破坏面 BC 的位置一确定，W 的大小就是已知值，其方向向下。

(2)破坏面 BC 上的反力 R，其大小是未知的，但其方向则是已知的。反力 R 与破坏面 BC 的法线 N_1 之间的夹角等于土的内摩擦角 φ，并位于 N_1 的下侧。

(3)墙背对土楔体的反力 E，与它大小相等、方向相反的作用力就是墙背上的土压力。反力 E 的方向必与墙背的法线 N_2 成 δ 角，δ 角为墙背与填土之间的摩擦角，称为外摩擦角。当土楔下滑时，墙对土楔的阻力是向上的，故反力 E 必在 N_2 的下侧。

土楔体在以上三力作用下处于静力平衡状态，因此必构成一闭合的力矢三角形[图 5-18(b)]，按正弦定律可得：

$$E = W \frac{\sin(\theta - \varphi)}{\sin[180° - (\theta - \varphi + \psi)]} = W \frac{\sin(\theta - \varphi)}{\sin(\theta - \varphi + \psi)} \tag{5-25}$$

式中，$\psi = 90° - \alpha - \delta$，其余符号如图 5-18 所示。

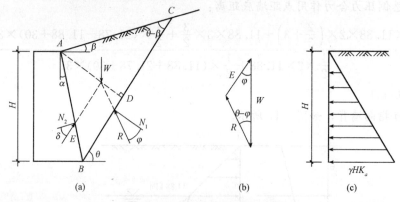

图 5-18 库仑主动土压力分布图

(a)土楔 ABC 上的作用力；(b)力矢三角形；(c)主动土压力分布图

土楔重：

$$W = \gamma \cdot \triangle ABC = \gamma \cdot \frac{1}{2} BC \cdot AD \tag{5-26}$$

在 $\triangle ABC$ 中，利用正弦定律可得：

$$BC = AB \cdot \frac{\sin(90° - \alpha + \beta)}{\sin(\theta - \beta)} \tag{5-27}$$

因为 $AB = \dfrac{H}{\cos\alpha}$，故

$$BC = H \cdot \frac{\cos(\alpha - \beta)}{\cos\alpha \cdot \sin(\theta - \beta)} \tag{5-28}$$

通过 A 点作 AD 线垂直于 BC，由 $\triangle ADB$ 得：

$$AD = AB \cdot \cos(\theta - \alpha) = H \cdot \frac{\cos(\theta - \alpha)}{\cos\alpha} \tag{5-29}$$

将式(5-28)和式(5-29)代入式(5-26)得：

$$W = \frac{1}{2} \gamma H^2 \cdot \frac{\cos(\alpha - \beta) \cdot \cos(\theta - \alpha)}{\cos^2\alpha \cdot \sin(\theta - \beta)} \tag{5-30}$$

将式(5-30)代入式(5-25)得 E 的表达式为

$$E = \frac{1}{2}\gamma H^2 \cdot \frac{\cos(\alpha-\beta) \cdot \cos(\theta-\alpha) \cdot \sin(\theta-\varphi)}{\cos^2\alpha \cdot \sin(\theta-\beta) \cdot \sin(\theta-\varphi+\psi)} \qquad (5\text{-}31)$$

在式(5-31)中，γ、H、α、β、φ、ψ 都是已知的，而滑动面 BC 与水平面的倾角 θ 则是任意假定的，因此假定不同的滑动面可以得出一系列相应的土压力 E 值，也就是说，E 是 θ 的函数。E 的最大值 E_{max} 即墙背的主动土压力，其所对应的滑动面即土楔最危险的滑动面。为求主动土压力，可用微分学中求极值的方法求 E 的极大值，为此可令：

$$\frac{\mathrm{d}E}{\mathrm{d}\theta} = 0 \qquad (5\text{-}32)$$

从而解得使 E 为极大值时填土的破坏 θ_{cr}，这就是真正滑动面的倾角。将 θ_{cr} 代入式(5-31)，整理后可得库仑主动土压力的一般表达式：

$$E_a = \frac{1}{2}\gamma H^2 \frac{\cos^2(\varphi-\alpha)}{\cos^2\alpha \cdot \cos(\alpha+\delta) \cdot \left[1+\sqrt{\dfrac{\sin(\varphi+\delta) \cdot \sin(\varphi-\beta)}{\cos(\alpha+\delta)\cos(\alpha-\beta)}}\right]^2} \qquad (5\text{-}33)$$

令
$$K_a = \frac{\cos^2(\varphi-\alpha)}{\cos^2\alpha \cdot \cos(\alpha+\delta) \cdot \left[1+\sqrt{\dfrac{\sin(\varphi+\delta) \cdot \sin(\varphi-\beta)}{\cos(\alpha+\delta)\cos(\alpha-\beta)}}\right]^2} \qquad (5\text{-}34)$$

则
$$E_a = \frac{1}{2}\gamma H^2 K_a \qquad (5\text{-}35)$$

式中 K_a——库仑主动土压力系数，按式(5-34)确定；

      H——挡土墙高度(m)；

      γ——墙后填土的重度(kN/m³)；

      φ——填土的内摩擦角(°)；

      α——墙背的倾斜角，俯斜时取正号，仰斜为负号(°)；

      β——墙后填土面的倾角(°)；

      δ——土对挡土墙背的摩擦角(°)。

当墙背垂直($\alpha=0$)、光滑($\delta=0$)，填土面水平($\beta=0$)时，式(5-35)可写为

$$E_a = \frac{1}{2}\gamma H^2 \tan^2\left(45° - \frac{\varphi}{2}\right) \qquad (5\text{-}36)$$

可见，在上述条件下，库仑公式和朗肯公式相同。

主动土压力强度沿墙高呈三角形分布，合力作用点在离墙底 $\dfrac{H}{3}$ 处，方向与墙背法线的夹角为 δ。

【例 5-9】 挡土墙高度为 5 m，墙背倾角 $\alpha=10°$(俯斜)，$\beta=30°$，填土重度 $\gamma=18$ kN/m³，填土为砂土($c=0$)，内摩擦角 $\varphi=30°$，填土与墙背的摩擦角 $\delta=\dfrac{2}{3}\varphi$，按库仑理论求主动土压力合力及其作用点。

解：根据 $\varphi=30°$，$\delta=\dfrac{2}{3}\varphi=20°$，$\alpha=10°$，$\beta=30°$，

由式(5-34)得主动土压力系数：$K_a=1.051$

由式(5-35)计算主动土压力：$E_a = \dfrac{1}{2}\gamma H^2 K_a = \dfrac{1}{2}\times18\times5^2\times1.051=236.5$(kN/m)

土压力作用点在离墙底距离：$\dfrac{1}{3}H = \dfrac{1}{3}\times5=1.67$(m)。

二、朗肯理论与库仑理论的比较

朗肯土压力理论和库仑土压力理论分别根据不同的假设，以不同的分析方法计算土压力，只有在最简单的情况下（$\alpha=0$，$\delta=0$，$\beta=0$），用这两种理论计算的结果才相同，否则便得出不同的结果。

朗肯土压力理论应用半空间中的应力状态和极限平衡理论的概念比较明确，公式简单，便于记忆，对于黏性土和无黏性土都可以用该公式直接计算，故在工程中得到广泛应用。但为了使墙后的应力状态符合半空间的应力状态，必须假设墙背是直立、光滑的，墙后填土是水平的，因而使应用范围受到限制，并由于该理论忽略了墙背与填土之间摩擦的影响，计算的主动土压力偏大，而计算的被动土压力偏小。

库仑土压力理论根据墙后滑动土楔的静力平衡条件推导得土压力计算公式，考虑了墙背与土之间的摩擦力，可用于墙背倾斜、填土面倾斜的情况，但由于该理论假设填土是无黏性土，因此不能用库仑理论的原公式直接计算黏性土的土压力。库仑理论假设墙后填土破坏时，破裂面是一平面，而实际上却是一曲面。实验证明，在计算主动土压力时，只有当墙背的斜度不大，墙背与填土间的摩擦角较小时，破裂面才接近于一个平面，因此，计算结果与按曲线滑动面计算的有出入。在通常情况下，这种偏差在计算主动土压力时为2%～10%，可以认为已满足实际工程所要求的精度，但在计算被动土压力时，由于破裂面接近于对数螺线，因此计算结果误差较大，有时可达2～3倍，甚至更大。

第五节 挡土墙设计

一、挡土墙的类型

(一)重力式挡土墙

重力式挡土墙如图5-19(a)所示，墙面暴露于外，墙背可以做成倾斜和垂直的。墙基的前缘称为墙趾，而后缘称为墙踵。重力式挡土墙通常由块石或素混凝土砌筑而成，因而墙体抗拉强度较小，作用于墙背的土压力所引起的倾覆力矩全靠墙身自重产生的抗倾覆力矩来平衡，因此，墙身必须做成厚而重的实体才能保证其稳定，这样，墙身的断面也就比较大。重力式挡土墙具有结构简单、施工方便、能够就地取材等优点，是工程中应用较广的一种形式。

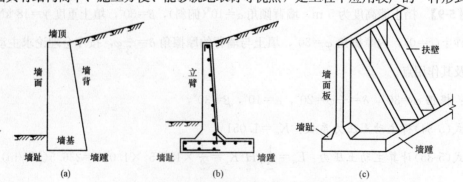

图 5-19 挡土墙类型

(a)重力式挡土墙；(b)悬臂式挡土墙；(c)扶壁式挡土墙

（二）悬臂式挡土墙

悬臂式挡土墙一般用钢筋混凝土建造，它由三个悬臂板组成，即立臂、墙趾悬臂和墙踵悬臂，如图 5-19(b)所示。墙的稳定主要靠墙踵底板上的土重，而墙体内的拉应力则由钢筋承担。因此，这类挡土墙的优点是能充分利用钢筋混凝土的受力特性，墙体截面较小。在市政工程以及厂矿贮库中广泛应用这种挡土墙。

（三）扶壁式挡土墙

当墙后填土比较高时，为了增强悬臂式挡土墙中立臂的抗弯性能，常沿墙的纵向每隔一定距离设一道扶壁，故称为扶壁式挡土墙，如图 5-19(c)所示。

近十多年来，国内外在发展新型挡土结构方面，提出了不少新型结构，如锚杆挡土墙、锚定板挡土墙和土工织物挡土墙等。锚定板挡土墙，一般由预制的钢筋混凝土墙面、钢拉杆和埋在填土中的锚定板组成，墙面所受的主动土压力完全由拉杆和锚定板承受，只要锚定板的抗拔能力不小于墙面所受荷载引起的土压力，就可使结构保持平衡。它具有结构轻便且经济的特点，较适用于地基承载力不大的软土地基。

二、重力式挡土墙设计

挡土墙的设计一般按试算法确定，即先根据挡土墙所处的条件（工程地质、填土性质以及墙体材料和施工条件等）凭经验初步拟定截面尺寸，然后进行挡土墙的验算，如不满足要求，则应改变截面尺寸或采用其他措施。

（一）重力式挡土墙的构造措施

（1）重力式挡土墙适用于高度小于 8 m、地层稳定、开挖土石方时不会危及相邻建筑物的地段。

（2）重力式挡土墙可在基底设置逆坡。对于土质地基，基底逆坡坡度不宜大于 1∶10；对于岩质地基，基底逆坡坡度不宜大于 1∶5。

（3）毛石挡土墙的墙顶宽度不宜小于 400 mm；混凝土挡土墙的墙顶宽度不宜小于 200 mm。

（4）重力式挡土墙的基础埋置深度，应根据地基承载力、水流冲刷、岩石裂隙发育及风化程度等因素进行确定。在特强冻涨、强冻涨地区应考虑冻涨的影响。在土质地基中，基础埋置深度不宜小于 0.5 m；在软质岩地基中，基础埋置深度不宜小于 0.3 m。

（5）重力式挡土墙应每间隔 10～20 m 设置一道伸缩缝。当地基有变化时宜加设沉降缝。在挡土结构的拐角处，应采取加强的构造措施。

（二）重力式挡土墙的验算

挡土墙的稳定性破坏通常有两种形式：一种是在主动土压力作用下外倾，对此应进行倾覆稳定性验算；另一种是在土压力作用下沿基底外移，需进行滑动稳定性验算。同时，还应按一般偏心荷载作用下基础的计算方法验算地基的承载力。至于墙身强度验算，应根据墙身材料分别按砌体结构、素混凝土结构或钢筋混凝土结构的有关计算方法进行。

1. 抗滑移稳定性验算

抗滑移稳定性应按下列公式进行验算（图 5-20）：

$$\frac{(G_n + E_{an})\mu}{E_{at} - G_t} \geqslant 1.3 \tag{5-37}$$

$$G_n = G\cos\alpha_0 \qquad (5\text{-}38)$$

$$G_t = G\sin\alpha_0 \qquad (5\text{-}39)$$

$$E_{at} = E_a\sin(\alpha - \alpha_0 - \delta) \qquad (5\text{-}40)$$

$$E_{an} = E_a\cos(\alpha - \alpha_0 - \delta) \qquad (5\text{-}41)$$

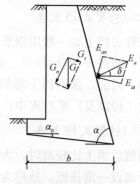

式中　G——挡土墙每延米自重(kN)；

　　　α_0——挡土墙基底的倾角[(°)]；

　　　α——挡土墙墙背的倾角[(°)]；

　　　δ——土对挡土墙墙背的摩擦角[(°)]，可按表5-1
　　　　　选用；

　　　μ——土对挡土墙基底的摩擦系数，由试验确定，
　　　　　也可按表5-2选用。

**图 5-20　挡土墙抗滑移
稳定性验算示意**

表 5-1　土对挡土墙墙背的摩擦角 δ

挡土墙情况	摩擦角 δ
墙背平滑、排水不良	$(0\sim0.33)\varphi_k$
墙背粗糙、排水良好	$(0.33\sim0.50)\varphi_k$
墙背很粗糙、排水良好	$(0.50\sim0.67)\varphi_k$
墙背与填土间不可能滑动	$(0.67\sim1.00)\varphi_k$

注：φ_k 为墙背填土的内摩擦角。

表 5-2　土对挡土墙基底的摩擦系数 μ

土的类别		摩擦系数 μ
黏性土	可塑	0.25~0.30
	硬塑	0.30~0.35
	坚硬	0.35~0.45
粉土		0.30~0.40
中砂、粗砂、砾砂		0.40~0.50
碎石土		0.40~0.60
软质岩		0.40~0.60
表面粗糙的硬质岩		0.65~0.75

注：1. 对易风化的软质岩和塑性指数 I_P 大于 22 的黏性土，基底摩擦系数应通过试验确定。

　　2. 对碎石土，可根据其密实程度、填充物状况、风化程度等确定。

2. 抗倾覆稳定性验算

抗倾覆稳定性应按下列公式进行验算(图 5-21)：

$$\frac{Gx_0 + E_{az}x_f}{E_{ax}z_f} \geqslant 1.6 \qquad (5\text{-}42)$$

$$E_{ax} = E_a\sin(\alpha - \delta) \qquad (5\text{-}43)$$

$$E_{az} = E_a\cos(\alpha - \delta) \qquad (5\text{-}44)$$

$$x_f = b - z\cot\alpha \qquad (5\text{-}45)$$

$$z_f = z - b\tan\alpha_0 \qquad (5\text{-}46)$$

式中　z——土压力作用点与墙踵的高度(m)；

x_0——挡土墙重心与墙趾的水平距离(m);

b——基底的水平投影宽度(m)。

3. 地基承载力验算

挡土墙下地基应该满足如下要求(图5-22):

$$P_{\substack{k\max \\ k\min}}=\frac{G}{b}\left(1\pm\frac{e}{b}\right) \tag{5-47}$$

$$P_{k\max}\leqslant1.2f_a \tag{5-48}$$

$$P_{k\min}\geqslant0 \tag{5-49}$$

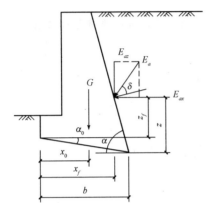

图 5-21　挡土墙抗倾覆稳定性验算示意　　　　**图 5-22　地基承载力验算示意**

式中　$P_{\substack{k\max \\ k\min}}$——分别为挡土墙底面边缘处的最大和最小压力(kN/m²);

　　　f_a——挡土墙底面下地基土的修正后承载力特征值(kN/m²);

　　　e——荷载作用于基础底面上的偏心距(m),按下式计算:

$$e=\frac{Ga-E_az}{G} \tag{5-50}$$

式中　G——挡土墙每延米自重(kN);

　　　a——挡土墙中心与地基中心的距离(m);

　　　z——土压力作用点距墙踵的高度(m);

　　　b——基底的水平投影宽度(m)。

基底合力的偏心距不应大于0.25倍基础的宽度,当基底下有软弱下卧层时,还应进行软弱下卧层的承载力验算。

【例 5-10】 某挡土墙高 $H=6$ m,顶宽为0.7 m,底宽为2.5 m,墙背竖直,由毛石和水泥砂浆砌筑而成,砌体重度 $\gamma_k=25$ kN/m³,墙后填土表面水平,填土为砂土($c=0$),填土重度 $\gamma=19$ kN/m³,内摩擦角 $\varphi=40°$,基底摩擦系数 $\mu=0.5$,地基土允许承载力 $f_a=180$ kN/m²。对该挡土墙进行验算。

解: (1)挡土墙自重及中心计算。

$$W=\frac{1}{2}\times(0.7+2.5)\times6\times25=240(\text{kN/m})$$

W 作用点距离 O 点的距离为

$$a_1=\frac{0.7\times6\times\left(1.8+\frac{0.7}{2}\right)+\frac{1}{2}\times1.8\times6\times\frac{2}{3}\times1.8}{\frac{1}{2}\times(0.7+2.5)\times6}=1.62(\text{m})$$

(2)挡土墙主动土压力计算。

$$K_a = \tan^2\left(45° - \frac{\varphi}{2}\right) = \tan^2\left(45° - \frac{40°}{2}\right) = 0.22$$

挡土墙底部的主动土压力：

$$\sigma_a = K_a \gamma H = 0.22 \times 19 \times 6 = 25.08 (\text{kPa})$$

挡土墙主动土压力合力：

$$E_a = \psi_a \frac{1}{2} \sigma_a H = 1.1 \times \frac{1}{2} \times 25.08 \times 6 = 82.76 (\text{kN/m})$$

主动土压力合力作用点位于距墙底 $z = \dfrac{H}{3} = \dfrac{6}{3} = 2(\text{m})$ 处，方向垂直指向墙背。

(3)抗滑移稳定性验算。

$$\frac{W\mu}{E_a} = \frac{240 \times 0.5}{82.76} = 1.45 > 1.3$$

抗滑移稳定性满足要求。

(4)抗倾覆稳定性验算。

$$\frac{Wa_1}{E_a z} = \frac{240 \times 1.62}{82.76 \times 2} = 2.35 > 1.6$$

抗倾覆稳定性满足要求。

(5)地基承载力验算。

$$a = a_1 - \frac{b}{2} = 1.62 - \frac{2.5}{2} = 0.37(\text{m})$$

$$e = \frac{Ga - E_a z}{G} = \frac{240 \times 0.37 - 82.76 \times 2}{240} = -0.32(\text{m}) (\text{偏左}) < 0.25 \times 2.5 = 0.625(\text{m})$$

满足要求。

基底应力：

$$P_{\substack{k\max \\ k\min}} = \frac{G}{b}\left(1 \pm \frac{e}{b}\right) = \frac{240}{2.5}\left(1 \pm \frac{0.32}{2.5}\right) = 108.29(\text{kPa}) < 1.2 f_a = 1.2 \times 180 = 216(\text{kPa})$$

$$83.71(\text{kPa}) > 0$$

地基承载力满足要求。

本章小结

土压力按照挡土墙的位移情况可分为静止土压力、主动土压力和被动土压力三种。静止土压力是指挡土墙不发生任何方向的位移，处于弹性平衡状态，墙后填土施于墙背上的土压力；主动土压力是指挡土墙在墙后填土作用下向前发生移动，致使墙后填土达到主动极限平衡状态时，填土施于墙背上的土压力；被动土压力是指挡土墙在外力作用下向后发生移动而推挤填土，致使填土达到被动极限平衡状态时，填土施于墙背上的土压力。

朗肯土压力理论以半无限弹性体内的应力状态并结合极限平衡条件来推导土压力计算公式，为此，假定挡土墙是刚体，墙背垂直、光滑，填土表面水平并无限延伸，通过分析墙背任意深度处某点的内力平衡条件，求得土压力强度计算公式。库仑土压力理论从研究滑动土楔体的静力平衡条件出发，假定滑动面为平面，墙后填土为无黏性土，通过分析土楔体的外力极限平衡条件，提出了土压力合力计算公式。与朗肯土压力理论相比，库仑土压力理论的适用范围更广，并且由于考虑了墙背的摩擦作用，其主动土压力计算值比通过朗肯理论得出的结果更接近于实际，但朗肯理论公式计算简单，且可以考虑土体黏聚力的作用，因此在工程中被广泛应用。

挡土墙是一种常用的支挡边坡的构筑物，其结构形式有重力式、悬臂式、扶壁式、锚杆及锚定板式和板桩墙等，其中以重力式挡土墙最为常见。挡土墙设计时通常需要进行抗倾覆稳定性验算、抗滑移稳定性验算和地基承载力验算。除上述各种验算外，还必须合理地选择挡土墙结构形式和采取必要的构造措施。

思考与练习

1. 土压力有哪几种？影响土压力的因素有哪些？

2. 试阐述静止土压力、主动土压力、被动土压力的概念和产生的条件，并比较三者数值的大小。

3. 朗肯土压力理论和库仑土压力理论的基本假设有何不同？在什么条件下可以得到相同的结果？

4. 挡土墙的结构类型有哪些？

5. 重力式挡土墙的验算包括哪些内容？

6. 某挡土墙高 $H=6$ m，墙背竖直，墙后填土表面水平，填土为黏性土，其重度 $\gamma=19$ kN/m³，内摩擦角 $\varphi=20°$，黏聚力 $c=10$ kPa，静止土压力系数 $K_0=0.5$，求作用在墙背上的静止土压力合力、主动土压力合力和被动土压力合力并绘出三种土压力分布图。

7. 某挡土墙高 $H=6$ m，墙背竖直，墙后填土表面水平，填土表面作用均布荷载 $q=15$ kN/m²，填土为砂土（$c=0$），其重度 $\gamma=19$ kN/m³，内摩擦角 $\varphi=20°$。求作用在墙背上的主动土压力合力并绘出土压力分布图。

8. 某挡土墙高 $H=7$ m，墙背竖直，墙后填土表面水平，填土为两层：第一层为细砂土（$c_1=0$），厚度 $h_1=3$ m，重度 $\gamma_1=19$ kN/m³，内摩擦角 $\varphi_1=20°$；第二层为中砂土（$c_2=0$），厚度 $h_2=4$ m，重度 $\gamma_2=20$ kN/m³，内摩擦角 $\varphi_2=30°$，求作用在墙背上的主动土压力合力并绘出土压力分布图。

9. 某挡土墙高 $H=6$ m，墙背竖直，墙后填土表面水平，填土为砂土（$c=0$），其重度 $\gamma=19$ kN/m³，饱和重度 $\gamma_{sat}=20.5$ kN/m³，内摩擦角 $\varphi=20°$，地下水水位在填土面下 3 m 处，求作用在墙背上的主动土压力合力并绘出土压力分布图。

10. 某挡土墙高 $H=5$ m，顶宽为 0.5 m，底宽为 2.2 m，墙背竖直，由混凝土砌筑而成，砌体重度 $\gamma_k=25$ kN/m³，墙后填土表面水平，填土为砂土（$c=0$），填土重度 $\gamma=18$ kN/m³，内摩擦角 $\varphi=20°$，基底摩擦系数 $\mu=0.5$，地基土允许承载力 $f_a=170$ kN/m²。对该挡土墙进行验算。

第六章　天然地基上的浅基础

第一节　概　述

工程设计都是从选择方案开始的。地基基础设计方案有：天然地基或人工地基上的浅基础、深基础、深浅结合的基础(如桩－筏、桩－箱基础等)。上述每种方案中各有多种基础类型和做法，可根据实际情况加以选择。

地基基础设计是建筑物结构设计的重要组成部分。基础的形式和布置，要合理地配合上部结构的设计，满足建筑物整体的要求，同时要做到便于施工、降低造价。天然地基上结构比较简单的浅基础最为经济，如能满足要求，宜优先选用。

本章将讨论天然地基上浅基础设计的各方面的问题。这些问题与土力学、工程地质学、砌体结构和钢筋混凝土结构以及建筑施工课程关系密切。天然地基上浅基础设计的原则和方法，也适用于人工地基上的浅基础，只是采用后一种方案时，还需对所选的地基处理方法进行设计，并处理好人工地基与浅基础的相互影响。

一、浅基础设计的内容

天然地基上浅基础的设计，包括下述各项内容：

(1)选择基础的材料、类型，进行基础平面布置。

(2)选择基础的埋置深度。

(3)确定地基承载力设计值。

(4)确定基础的底面尺寸。

(5)必要时进行地基变形与稳定性验算。

(6)进行基础结构设计(按基础布置进行内力分析、截面计算以满足构造要求)。

(7)绘制基础施工图，提出施工说明。

基础施工图应清楚表明基础的布置、各部分的平面尺寸和剖面。注明设计地面或基础底面的标高。如果基础的中线与建筑物的轴线不一致，应加以标明。如建筑物在地下有暖气沟等设施，也应标示清楚。至于所用材料及其强度等级等方面的要求和规定，应在施工说明中提出。

上述浅基础设计的各项内容是互相关联的。设计时可按下列顺序，首先选择基础材料、类型和埋置深度，然后逐步进行计算。如发现前面的选择不妥，则须修改设计，直至各项计算均符合要求且各数据前后一致为止。

如果地基软弱，为了减轻不均匀沉降的危害，在进行基础设计的同时，还需从整体上对建筑设计和结构设计采取相应的措施，并对施工提出具体要求。

二、地基基础的设计等级

地基基础设计应根据地基复杂程度、建筑物规模和功能特征以及由于地基问题可能造成建筑物破坏或影响正常使用的程度分为三个设计等级，设计时应根据具体情况，按表 6-1 选用。

表 6-1　地基基础设计等级

设计等级	建筑和地基类型
甲级	1. 重要的工业与民用建筑物。 2. 30 层以上的高层建筑。 3. 体型复杂，层数相差超过 10 层的高低层连成一体的建筑物。 4. 大面积的多层地下建筑物(如地下车库、商场、运动场等)。 5. 对地基变形有特殊要求的建筑物。 6. 复杂地质条件下的坡上建筑物(包括高边坡)。 7. 对原有工程影响较大的新建建筑物。 8. 场地和地基条件复杂的一般建筑物。 9. 位于复杂地质条件及软土地区的二层及二层以上地下室的基坑工程。 10. 开挖深度大于 15 m 的基坑工程。 11. 周边环境条件复杂、环境保护要求高的基坑工程
乙级	1. 除甲级、丙级以外的工业与民用建筑物。 2. 除甲级、丙级以外的基坑工程
丙级	1. 场地和地基条件简单、荷载分布均匀的 7 层及 7 层以下民用建筑及一般工业建筑；次要的轻型建筑物。 2. 非软土地区且场地地质条件简单、基坑周边环境条件简单、环境保护要求不高且开挖深度小于 5.0 m 的基坑工程

三、地基基础设计方法

基础的上方为上部结构的墙、柱，而基础底面以下则为地基土体。基础承受上部结构的作用并对地基表面施加压力(基底压力)，同时，地基表面对基础产生反力(地基反力)。两者大小相等，方向相反。基础所承受的上部荷载和地基反力应满足平衡条件。地基土体在基底压力作用下产生附加应力和变形，而基础在上部结构和地基反力的作用下则产生内力和位移，地基与基础互相影响、互相制约。进一步说，地基与基础之间，除荷载的作用外，还与它们抵抗变形或位移的能力有着密切关系。而且，基础及地基也与上部结构的荷载和刚度有关，即地基、基础和上部结构是互相影响、互相制约的。它们原来互相连接或接触的部位，在各部分荷载、位移和刚度的综合影响下，一般仍然保持连接或接触，墙柱底端位移、该处基础的变位和地基表面的沉降相一致，满足变形协调条件。上述概念可称为地基—基础—上部结构的相互作用。

为了简化计算，在工程设计中，通常将上部结构、基础和地基三者分离开来，分别对三者进行计算：视上部结构底端为固定支座或固定铰支座，不考虑荷载作用下各墙柱端部的相对位移，并按此进行内力分析；而对基础与地基，则假定地基反力与基底压力呈直线分布，分别计算基础的内力与地基的沉降。

这种传统的分析与设计方法，可称为常规设计法。这种设计方法，对于良好均质地基上刚度大的基础和墙柱布置均匀、作用荷载对称且大小相近的上部结构来说是可行的。在这些情况下，按常规设计法计算的结果，与进行地基－基础－上部结构相互作用分析的差别不大，可满足结构设计可靠度的要求，并已经过大量工程实践的检验。

基底压力一般并非呈直线（或平面）分布，它与土的类别性质、基础尺寸和刚度以及荷载大小等因素有关。在地基软弱、基础平面尺寸大、上部结构的荷载分布不均等情况下，地基的沉降和应力将受到基础和上部结构的影响，而基础和上部结构的内力和变位也将调整。如按常规方法计算，墙柱底端的位移、基础的挠曲和地基的沉降将各不相同，三者变形不协调，且不符合实际。而且，地基不均匀沉降所引起的上部结构附加内力和基础内力变化，未能在结构设计中加以考虑，因而也不安全。只有进行地基－基础－上部结构的相互作用分析，才能合理进行设计，做到既降低造价又能防止建筑物遭受损坏。目前，这方面的研究工作已取得进展，人们可以根据某些实测资料和借助电子计算机，进行某些结构类型、基础形式和地基条件的相互作用分析，并在工程实践中运用相互作用分析的成果或概念。

四、地基基础设计规定

根据建筑物地基基础设计等级及长期荷载作用下地基变形对上部结构的影响程度，地基基础设计应符合下列规定：

(1)所有建筑物的地基计算均应满足承载力计算的有关规定，即基础底面的压力应符合下列要求：

当轴心受压时：

$$P_k \leqslant f_a \tag{6-1}$$

偏心受压时，除满足式(6-1)要求外，还应符合下式要求：

$$P_{k\max} \leqslant 1.2 f_a \tag{6-2}$$

式中　P_k——相应于荷载效应标准组合时，基础底面处的平均压力值(kPa)；

$P_{k\max}$——相应于荷载效应标准组合时，基础底面边缘的最大压力值(kPa)；

f_a——修正后的地基承载力特征值(kPa)。

(2)设计等级为甲级、乙级的建筑物，均应按地基变形设计，即在满足承载力条件的同时还应满足变形条件：

$$s \leqslant [s] \tag{6-3}$$

(3)设计等级为丙级的建筑物有下列情况之一时应作变形验算：

①地基承载力特征值小于 130 kPa，且体型复杂的建筑；

②在基础上及其附近有地面堆载或相邻基础荷载差异较大，可能引起地基产生过大的不均匀沉降时；

③软弱地基上的建筑物存在偏心荷载时；

④相邻建筑距离近，可能发生倾斜时；

⑤地基内有厚度较大或厚薄不均的填土，其自重固结未完成时。

(4)对经常受水平荷载作用的高层建筑、高耸结构和挡土墙等，以及建造在斜坡上或边坡附近的建筑物和构筑物，还应验算其稳定性。

(5)基坑工程应进行稳定性验算。

(6)建筑地下室或地下构筑物存在上浮问题时，还应进行抗浮验算。

五、地基基础设计荷载取值的规定

按现行国家标准，荷载可分为永久荷载、可变荷载和偶然荷载，荷载采用标准值或设计值表达。荷载设计值等于其标准值乘以荷载分项系数。地基基础设计时，所采用的作用效应与相应的抗力限值应符合下列规定：

(1)按地基承载力确定基础底面面积及埋置深度或按单桩承载力确定桩数时，传至基础或承台底面上的作用效应应按正常使用极限状态下作用的标准组合；相应的抗力应采用地基承载力特征值或单桩承载力特征值。

(2)计算地基变形时，传至基础底面上的作用效应应按正常使用极限状态下作用的准永久组合，不应计入风荷载和地震作用；相应的限值应为地基变形允许值。

(3)计算挡土墙、地基或滑坡稳定以及基础抗浮稳定时，作用效应应按承载能力极限状态下作用的基本组合，但其分项系数均为 1.0。

(4)在确定基础或桩基承台高度、支挡结构截面、计算基础或支挡结构内力、确定配筋和验算材料强度时，上部结构传来的作用效应和相应的基底反力、挡土墙土压力以及滑坡推力，应按承载能力极限状态下作用的基本组合，采用相应的分项系数；当需要验算基础裂缝宽度时，应按正常使用极限状态作用的标准组合。

(5)基础设计安全等级、结构设计使用年限、结构重要性系数应按有关规范的规定采用，但结构重要性系数 γ_0 不应小于 1.0。

地基基础设计时，作用组合的效应设计值应符合下列规定：

(1)正常使用极限状态下，标准组合的效应设计值 S_k 应按下式确定：

$$S_k = S_{G_k} + S_{Q_{1k}} + \psi_{c2} S_{Q_{2k}} + \cdots + \psi_{c_n} S_{Q_{nk}} \tag{6-4}$$

式中　S_{G_k}——永久作用标准值 G_k 的效应；

　　　$S_{Q_{ik}}$——第 i 个可变作用标准值 Q_{ik} 的效应；

　　　ψ_{c_i}——第 i 个可变作用 Q_i 的组合值系数，按现行国家标准《建筑结构荷载规范》(GB 50009—2012)的规定取值。

(2)准永久组合的效应设计值 S_k 应按下式确定：

$$S_k = S_{G_k} + \psi_{q_1} S_{Q_{1k}} + \psi_{q_2} S_{Q_{2k}} + \cdots + \psi_{q_n} S_{Q_{nk}} \tag{6-5}$$

式中　ψ_{q_i}——第 i 个可变作用的准永久值系数，按现行国家标准《建筑结构荷载规范》(GB 50009—2012)的规定取值。

(3)承载能力极限状态下，由可变作用控制的基本组合的效应设计值 S_d，应按下式确定：

$$S_d = \gamma_G S_{G_k} + \gamma_{Q_1} S_{Q_{1k}} + \gamma_{Q_2} \psi_{c2} S_{Q_{2k}} + \cdots + \gamma_{Q_n} \psi_{c_n} S_{Q_{nk}} \tag{6-6}$$

式中　γ_G——永久作用的分项系数，按现行国家标准《建筑结构荷载规范》(GB 50009—2012)的规定取值；

　　　γ_{Q_i}——第 i 个可变作用的分项系数，按现行国家标准《建筑结构荷载规范》(GB 50009—2012)的规定取值。

(4)对由永久作用控制的基本组合，也可采用简化规则，基本组合的效应设计值 S_d 可按下式确定：

$$S_d = 1.35S_k \tag{6-7}$$

式中 S_k——标准组合的作用效应设计值。

第二节 浅基础的类型

一、按基础材料分类

基础应具有承受荷载、抵抗变形和适应环境影响的能力，即要求基础具有足够的强度、刚度和耐久性。选择基础材料，首先要满足这些技术要求，并与上部结构相适应。

常用的基础材料有砖、毛石、灰土、三合土、混凝土和钢筋混凝土等。下面简单介绍这些基础的性能和适应性。

(一)砖基础

砖砌体具有一定的抗压强度，但抗拉强度和抗剪强度低。砖基础所用的砖，强度等级不低于 MU10，砂浆强度等级不低于 M5。在地下水水位以下或当地基土潮湿时，应采用水泥砂浆砌筑。在砖基础底面以下，一般应先做 100 mm 厚的 C10 或 C7.5 的混凝土垫层，每边伸出砖基底 50 mm。砖基础的剖面一般都做成阶梯形，俗称"大放脚"。大放脚从垫层上开始砌筑，砌法有两种：其一是两皮一收法，即每砌两皮砖，收进 1/4 砖长(60 mm)，如此反复；其二是二一间隔法，即砌两皮收进 1/4 砖长再砌一皮，如此反复，但间隔法砌筑必须保证基底是两皮砖。砖基础取材容易，应用广泛，一般可用于 6 层及 6 层以下的民用建筑和砖墙承重的厂房，如图 6-1 所示。

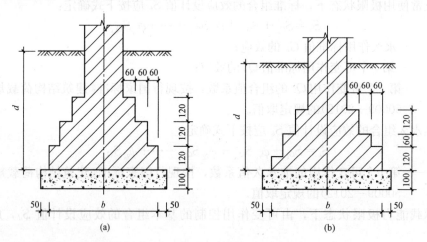

图 6-1 砖基础

(a)两皮一收砌法；(b)二一间隔砌法

(二)毛石基础

毛石是指未加工的石材。毛石基础采用未风化的硬质岩石，禁用风化毛石，砂浆强度等级不低于 M5。毛石基础的剖面常做成阶梯形，每阶伸出宽度不宜大于 200 mm，每级台阶高度不宜小于 400 mm。由于毛石之间间隙较大，如果砂浆黏结的性能较差，则不能用于多层建筑，且不宜用于地下水水位以下。但毛石基础的抗冻性能较好，北方也用来作为7层以下建筑物的基础，如图6-2所示。

（三）混凝土基础和毛石混凝土基础

混凝土基础的抗压强度、耐久性和抗冻性比较好，其强度等级一般为C15以上。这种基础常用在荷载较大的墙柱处。混凝土基础的剖面有阶梯形与角锥形两种，一般为阶梯形，台阶高度不小于300 mm。如在混凝土基础中埋入体积占25%～30%的毛石（石块尺寸不宜超过300 mm），即做成毛石混凝土基础，节省水泥用量，如图6-3所示。

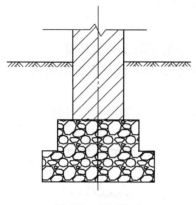

图6-2　毛石基础

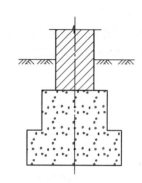

图6-3　毛石混凝土基础

（四）灰土基础

灰土是用石灰和土料配制而成的。石灰以块状为宜，经熟化1～2天后过5 mm筛立即使用。土料应用塑性指数较低的粉土和黏性土为宜，土料团粒应过筛，粒径不得大于15 mm。石灰和土料按体积配合比为3∶7或2∶8，拌和均匀后，在基槽内分层夯实。灰土基础早期强度低，但强度随时间不断增大，宜在比较干燥的土层中使用，其本身具有一定的抗冻性。在我国华北和西北地区，广泛用于5层及5层以下的民用建筑，如图6-4所示。

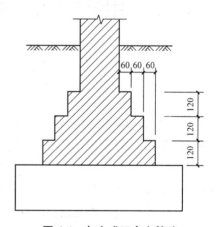

图6-4　灰土或三合土基础

（五）三合土基础

三合土是由石灰、砂和集料（矿渣、碎砖或碎石）加水混合而成的。施工时石灰、砂、集料按体积配合比为1∶2∶4或1∶3∶6，拌和均匀后再分层夯实。三合土的强度较低，一般只用于4层及4层以下的民用建筑，如图6-4所示。

（六）钢筋混凝土基础

钢筋混凝土是基础的良好材料，其强度、耐久性和抗冻性都较理想。由于它承受力矩和剪力的能力较好，故在相同的基底面面积下可降低基础高度。因此，它常在荷载较大或地基较差的情况下使用。

除钢筋混凝土基础外，上述其他各种基础均属无筋基础。无筋基础的抗拉、抗剪强度都不高，为了使基础内产生的拉应力和剪应力不大，需要限制基础沿柱、墙边挑出的宽度，因而使基础的高度相对增加。因此，这种基础几乎不会发生挠曲变形，习惯上将无筋基础称为刚性基础。

二、按结构类型分类

（一）无筋扩展基础

无筋扩展基础是由砖、毛石、灰土、三合土、混凝土等材料组成的，且不需要配置钢筋的墙下条形基础或柱下独立基础，如图6-1～图6-4所示。

（二）扩展基础

扩展基础是指柱下钢筋混凝土独立基础和墙下钢筋混凝土条形基础。

现浇柱下的独立钢筋混凝土基础可做成阶梯形或锥形，底部应配制双向受力钢筋，如图6-5(a)、(b)所示。

预制柱则采用杯形基础，常用于装配式单层工业厂房，如图6-5(c)所示。

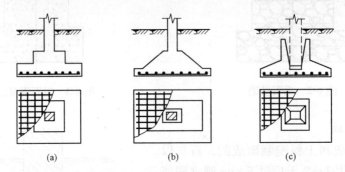

图6-5 柱下独立钢筋混凝土基础
(a)阶梯形基础；(b)锥形基础；(c)杯形基础

墙下钢筋混凝土条形基础底面宽度可达2 m以上，而底板厚度可以小至300 mm，适宜在需要"宽基浅埋"的情况下采用。有时，地基不均匀，为了增强基础的整体性和抗弯能力，可以采用有肋的钢筋混凝土条形基础，肋部配置纵向钢筋和箍筋，以承受由不均匀沉降引起的倾斜，如图6-6(b)所示。

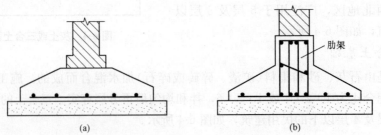

图6-6 墙下钢筋混凝土条形基础
(a)不带肋；(b)带肋

（三）双柱联合基础

当两柱相邻较近，其中一柱设立独立基础时，令一柱受限或基础底面面积不足以及荷载偏心过大等情况时，可采用相邻二柱公共的钢筋混凝土基础，即双柱联合基础(图6-7)。

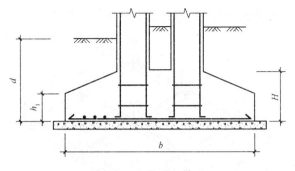

图 6-7 双柱联合基础

双柱联合基础的基底压力分布较为均匀，可使基础底面形心尽可能接近柱主要荷载的合力作用点，基础具有较大的抗弯刚度，可以调整相邻两柱沉降差，防止两柱相向倾斜。

（四）柱下条形基础

如图 6-8 和图 6-9 所示，支承同一方向或同一轴线上若干根柱的长条形连续基础称为柱下条形基础。这种基础采用钢筋混凝土为材料，它将建筑物各层的所有荷载传递到地基处，故本身应有一定的尺寸和配筋量，造价较高。但这种基础的抗弯刚度较大，因而具有调整不均匀沉降的能力，可使各柱的竖向位移较为均匀。

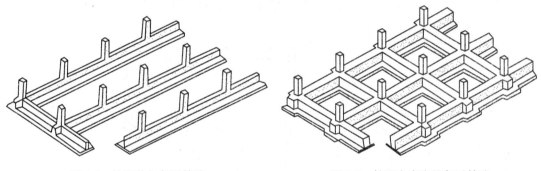

图 6-8 柱下单向条形基础   图 6-9 柱下十字交叉条形基础

柱下条形或联合基础可在下述情况下采用：

（1）柱荷载较大或地基条件较差，如采用单独基础，可能出现过大的沉降时。

（2）柱距较小而地基承载力较低，如采用单独基础，则相邻基础间的净距很小且相邻荷载影响较大时。

（3）由于已有的相邻建筑物或道路等场地的限制，使边柱做成不对称的单独基础过于偏心，而需要与内柱做成联合或连续基础时。

单向条形基础：在同一轴线（或同一方向）上若干个单独基础联合组成的长条形连续基础，如图 6-8 所示。

十字交叉条形基础：在柱网下纵、横两个方向用条形基础连接组合而成，如图 6-9 所示。

（五）筏形基础

当柱下交叉梁基础面积占建筑物平面面积的比例较大，或者建筑物在使用上有要求时，可以在建筑物的柱、墙下方做成一块满堂的基础，即筏形基础。筏形基础在构造上好像倒置的钢筋混凝土楼盖，由于其底面面积大，故可减小地基上单位面积的压力，同时，也可提高地基土的承载力，并能更有效地增强地基的整体性，调整不均匀沉降(图 6-10)。

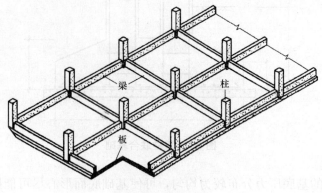

图 6-10 筏形基础

我国有的地区在住宅等建筑中采用厚度较薄(300～400 mm)的墙下无埋深筏形基础，这种基础比较经济实用，但常不能满足采暖要求。

（六）箱形基础

箱形基础是由钢筋混凝土底板、顶板和纵横内外墙组成的整体空间结构。箱形基础具有很大的抗弯刚度，只能产生大致均匀的沉降或整体倾斜，从而基本上消除了因地基变形而使建筑物开裂的可能，如图 6-11 所示。

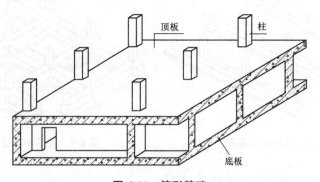

图 6-11 箱形基础

箱形基础内的空间常用作地下室。这一空间的存在，减少了基础底面的压力，如果不必降低基底压力，则相应可增加建筑物的层数。箱形基础的钢筋、水泥用量很大，施工技术要求也很高。

第三节 基础埋置深度

基础埋置深度是指基础底面至地面(一般指室外地面)的距离。基础埋置深度的选择关系到地基基础的优劣、施工的难易和造价的高低。影响基础埋置深度选择的因素可归纳为四个方面。对于一项具体工程来说，基础埋置深度的选择往往取决于如下所述某一方面中的决定性因素。

一、与建筑物及场地环境有关的条件

基础的埋置深度，应满足上部及基础的结构构造要求，适合建筑物的具体安排情况和荷载的性质与大小。

具有地下室或半地下室的建筑物，其基础埋置深度必须结合建筑物地下部分的设计标高来选定。如果在基础影响范围内有管道或坑沟等地下设施通过，基础的埋置深度，原则上应低于这些设施的底面。否则应采取有效措施，消除基础对地下设施的不利影响。

为了保护基础不受人类和生物活动的影响，基础应埋置在地表以下，其最小埋置深度为 0.5 m，且基础顶面至少应低于设计地面 0.1 m，同时又要便于建筑物周围排水的布置，如图 6-12 所示。

选择基础埋置深度时必须考虑荷载的性质和大小。一般地，荷载大的基础，其尺寸需要大些，同时也需要适当增加埋置深度。长期作用有较大水平荷载和位于坡顶、坡面的基础应有一定的埋置深度，以确保基础具有足够的稳定性。承受上拔力的结构，如输电塔基础，也要求有一定的埋置深度，以提供足够的抗拔阻力。

靠近原有建筑物修建新基础时，为了不影响原有基础的安全，新基础最好不低于原有的基础。如必须超过时，则两基础之间净距应不小于其底面高差的 1～2 倍，如图 6-13 所示。如不能满足这一要求，施工期间应采取措施。另外，在使用期间，还要注意新基础的荷载是否将引起原有建筑物产生不均匀沉降。

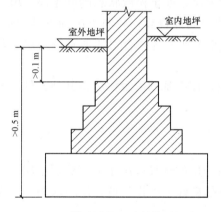

图 6-12　基础埋置深度的构造要求

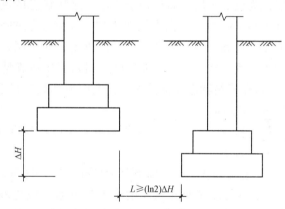

图 6-13　相邻建筑基础的埋置深度

当基础置于边坡上时，要保证地基有足够的稳定性，如图 6-14 所示。当坡高 $H \leqslant 8$ m，坡脚 $\beta \leqslant 45°$ 且 $b \leqslant 3$ m，$a \geqslant 2.5$ m 时，基础埋置深度应符合下列要求：

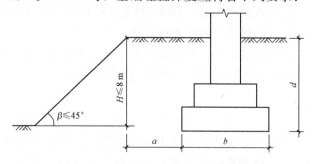

图 6-14　土坡坡顶处基础的最小埋置深度

条形基础

$$a \geqslant 3.5b - \frac{d}{\tan\beta} \qquad (6-8)$$

矩形基础

$$a \geqslant 2.5b - \frac{d}{\tan\beta} \qquad (6-9)$$

式中　a——基础底面外边缘线至坡顶的水平距离(m)；

　　　b——垂直于坡顶边缘线的基础底面边长(m)；

　　　d——基础埋置深度(m)；

　　　β——边坡坡角[(°)]。

二、土层的性质和分布

直接支承基础的土层称为持力层，在持力层下方的土层称为下卧层。为了满足建筑物对地基承载力和地基允许变形值的要求，基础应尽可能埋置在良好的持力层上。当地基受力层或沉降计算深度范围内存在软弱下卧层时，软弱下卧层的承载力和地基变形也应满足要求。

在工程地质勘察报告中，已经说明拟建场地的地层分布、各土层的物理力学性质和地基承载力。这些资料为基础埋置深度和持力层的选择提供了依据。将处于坚硬、硬塑或可塑状态的黏性土层，密实或中密状态的砂土层和碎石土层，以及属于低、中压缩性的其他土层视为良好土层；而将处于软塑、流塑状态的黏性土层，处于松散状态的砂土层、填土和其他高压缩性土层视为软弱土层。良好土层的承载力高或较高；软弱土层的承载力低。按照压缩性和承载力的高低，对拟建场区的土层，可自上而下选择合适的地基持力层和基础埋置深度。在选择中，大致可遇到如下几种情况：

(1)在建筑物影响范围内，自上而下都是良好土层，那么基础埋置深度按其他条件或最小埋置深度确定。

(2)自上而下都是软弱土层，基础难以找到良好的持力层，这时宜考虑采用人工地基或深基础等方案。

(3)上部为软弱土层而下部为良好土层。这时，持力层的选择取决于上部软弱土层的厚度。一般来说，软弱土层厚度小于2 m者，应选取下部良好土层作为持力层；软弱土层厚度较大时，宜考虑采用人工地基或深基础等方案。

(4)上部为良好土层而下部为软弱土层。此时基础应尽量浅埋。例如，我国沿海地区，地表普遍存在一层厚度为2~3 m的所谓"硬壳层"，硬壳层以下为较厚的软弱土层。对一般中小型建筑物来说，硬壳层属良好的持力层，应当充分利用。这时，最好采用钢筋混凝土基础，并尽量按基础最小埋置深度考虑，即采用"宽基浅埋"方案。同时在确定基础底面尺寸时，应对地基受力范围内的软弱下卧层进行验算。

应当指出，上面所划分的良好土层和软弱土层，只是相对于一般中小型建筑而言。对于高层建筑来说，上述所指的良好土层，很可能仍不符合要求。

三、地下水条件

有地下水存在时，基础应尽量埋置于地下水水位以上，以避免地下水对基坑开挖、基础施工和使用期间的影响。如果基础埋置深度低于地下水水位，则应考虑施工期间的基坑降水、坑壁支撑以及是否可能产生流砂、涌土等问题。对于具有侵蚀性的地下水，应采用抗侵蚀的水泥品种和相应的措施。对于有地下室的厂房、民用建筑和地下贮罐，设计时还应考虑地下水的浮力和净水压力的作用以及地下结构抗渗漏的问题。

四、土的冻胀影响

地面以下一定深度的地层温度，随大气温度而变化。当地层温度降至 0 ℃ 以下时，土中部分孔隙水将冻结而形成冻土。冻土可分为季节性冻土和多年冻土两类。季节性冻土在冬季冻结而夏季融化，每年冻融交替一次；多年冻土则无论冬夏，常年均处于冻结状态，且冻结连续三年以上。我国季节性冻土分布很广。东北、华北和西北地区的季节性冻土层厚度在 0.5 m 以上，最大的可达 3 m 左右。

如果季节性冻土由细粒土组成，且土中水含量多而地下水水位又较高，那么不但在冻结深度内的土中水被冻结形成冰晶体，而且未冻结区的自由水和部分结合水将不断向冻结区迁移、聚集，使冰晶体逐渐扩大，引起土体发生膨胀和隆起，形成冻胀现象。到了夏季，地温升高，土体解冻，造成含水量增加，使土处于饱和及软化状态，强度降低，建筑物下陷，这种现象称为融陷，位于冻胀区内的基础，在土体冻结时，受到冻胀力的作用而上抬。融陷和上抬往往是不均匀的，致使建筑物墙体产生方向相反、互相交叉的斜裂缝，或使轻型构筑物逐年上抬。

土的冻结不一定产生冻胀，即使冻胀，程度也有所不同。对于结合水含量极少的粗粒土，不存在冻胀问题。至于某些粉砂、粉土和黏性土的冻胀，则与冻结以前的含水量有关。例如，处于坚硬状态的黏性土，因为结合水的含量少，冻胀作用就很微弱。另外，冻胀程度还与地下水水位有关。《建筑地基基础设计规范》（GB 50007—2011）根据冻胀对建筑物的危害程度，将地基土的冻胀性分为不冻胀、弱冻胀、冻胀、强冻胀和特强冻胀五类，见表 6-2。

表 6-2　地基土的冻胀性分类表

土的名称	冻前天然含水量 $w/\%$	冻结期间地下水位距冻结面的最小距离 h_w/m	平均冻胀率 $\eta/\%$	冻胀等级	冻胀类别
碎（卵）石，砾、粗、中砂（粒径小于 0.075 mm 颗粒含量大于 15%），细砂（粒径小于 0.075 mm 颗粒含量大于 10%）	$w \leqslant 12$	>1.0	$\eta \leqslant 1$	I	不冻胀
		≤1.0	$1 < \eta \leqslant 3.5$	II	弱冻胀
	$12 < w \leqslant 18$	>1.0			
		≤1.0	$3.5 < \eta \leqslant 6$	III	冻胀
	$w > 18$	>0.5			
		≤0.5	$6 < \eta \leqslant 12$	IV	强冻胀
粉砂	$w \leqslant 14$	>1.0	$\eta \leqslant 1$	I	不冻胀
		≤1.0	$1 < \eta \leqslant 3.5$	II	弱冻胀
	$14 < w \leqslant 19$	>1.0			
		≤1.0	$3.5 < \eta \leqslant 6$	III	冻胀
	$19 < w \leqslant 23$	>1.0			
		≤1.0	$6 < \eta \leqslant 12$	IV	强冻胀
	$w > 23$	不考虑	$\eta > 12$	V	特强冻胀

土的名称	冻前天然含水量 $w/\%$	冻结期间地下水位距冻结面的最小距离 h_w/m	平均冻胀率 $\eta/\%$	冻胀等级	冻胀类别
粉土	$w\leqslant19$	>1.5	$\eta\leqslant1$	I	不冻胀
		$\leqslant1.5$	$1<\eta\leqslant3.5$	II	弱冻胀
	$19<w\leqslant22$	>1.5			
		$\leqslant1.5$	$3.5<\eta\leqslant6$	III	冻胀
	$22<w\leqslant26$	>1.5			
		$\leqslant1.5$	$6<\eta\leqslant12$	IV	强冻胀
	$26<w\leqslant30$	>1.5			
		$\leqslant1.5$	$\eta>12$	V	特强冻胀
	$w>30$	不考虑			
黏性土	$w\leqslant W_P+2$	>2.0	$\eta\leqslant1$	I	不冻胀
		$\leqslant2.0$	$1<\eta\leqslant3.5$	II	弱冻胀
	$W_P+2<w\leqslant W_P+5$	>2.0			
		$\leqslant2.0$	$3.5<\eta\leqslant6$	III	冻胀
	$W_P+5<w\leqslant W_P+9$	>2.0			
		$\leqslant2.0$	$6<\eta\leqslant12$	IV	强冻胀
	$W_P+9<w\leqslant W_P+15$	>2.0			
		$\leqslant2.0$	$\eta>12$	V	特强冻胀
	$w>W_P+15$	不考虑			

注：1. W_P——塑限含水量（%）；w——在冻土层内冻前天然含水量的平均值（%）。

2. 盐渍化冻土不在表列。

3. 塑性指数大于 22 时，冻胀性降低一级。

4. 粒径小于 0.005 mm 的颗粒含量大于 60% 时，为不冻胀土。

5. 碎石类土当充填物大于全部质量的 40% 时，其冻胀性按充填物土的类别判断。

6. 碎石土、砾砂、粗砂、中砂（粒径小于 0.075 mm 颗粒含量不大于 15%）、细砂（粒径小于 0.075 mm 颗粒含量不大于 10%）均按不冻胀考虑。

季节性冻土地区基础埋置深度宜大于场地冻结深度。对于深厚季节冻土地区，当建筑基础底面土层为不冻胀、弱冻胀、冻胀土时，基础埋置深度可以小于场地冻结深度，基底允许冻土层最大厚度 $h_{\max}$ 应根据当地经验确定，没有地区经验时可按表 6-3 查取。此时，基础最小埋置深度 $d_{\min}$ 可按下式计算：

$$d_{\min}=z_d-h_{\max} \tag{6-10}$$

式中 $h_{\max}$——基础底面下允许冻土层的最大厚度（m），按表 6-2 采用；

z_d——场地冻结深度（m），按式（6-11）计算，当有实测资料时按式（6-12）计算。

表 6-3　建筑基底允许冻土层最大厚度（h_{max}）　　　　　　　m

冻胀性	基础形式	采暖情况	基底平均压力 / kPa					
			110	130	150	170	190	210
弱冻胀土	方形基础	采暖	0.90	0.95	1.00	1.10	1.15	1.20
		不采暖	0.70	0.80	0.95	1.00	1.05	1.10
	条形基础	采暖	>2.50	>2.50	>2.50	>2.50	>2.50	>2.50
		不采暖	2.20	2.50	>2.50	>2.50	>2.50	>2.50
冻胀土	方形基础	采暖	0.65	0.70	0.75	0.80	0.85	—
		不采暖	0.55	0.60	0.65	0.70	0.75	—
	条形基础	采暖	1.55	1.80	2.00	2.20	2.50	—
		不采暖	1.15	1.35	1.55	1.75	1.95	—

注：1. 本表只计算法向冻胀力，如果基侧存在切向冻胀力，应采取防切向力措施。
　　2. 基础宽度小于 0.6 m 时不适用，矩形基础取短边尺寸按方形基础计算。
　　3. 表中数据不适用于淤泥、淤泥质土和欠固结土。
　　4. 计算基底平均压力时取永久作用的标准组合值乘以 0.9，可以内插。

$$z_d = z_0 \cdot \psi_{zs} \cdot \psi_{zw} \cdot \psi_{ze} \tag{6-11}$$

$$z_d = h' - \Delta z \tag{6-12}$$

式中　h'——最大冻深出现时场地最大冻土层厚度（m）；

　　　Δz——最大冻深出现时场地地表冻胀量（m）；

　　　z_0——标准冻结深度（m），当无实测资料时，按《建筑地基基础设计规范》（GB 50007—2011）附录 F 采用；

　　　ψ_{zs}——土的类别对冻深的影响系数，按表 6-4 采用；

　　　ψ_{zw}——土的冻胀性对冻深的影响系数，按表 6-5 采用；

　　　ψ_{ze}——环境对冻深的影响系数，按表 6-6 采用。

表 6-4　土的类别对冻深的影响系数

土的类别	影响系数 ψ_{zs}
黏性土	1.00
细砂、粉砂、粉土	1.20
中、粗、砾砂	1.30
大块碎石土	1.40

表 6-5　土的冻胀性对冻深的影响系数

冻胀性	影响系数 ψ_{zw}
不冻胀	1.00
弱冻胀	0.95
冻胀	0.90
强冻胀	0.85
特强冻胀	0.80

表 6-6　环境对冻深的影响系数

周围环境	影响系数 φ_{zz}
村、镇、旷野	1.00
城市近郊	0.95
城市市区	0.90

注：环境影响系数一项，当城市市区人口为 20 万～50 万时，按城市近郊取值；当城市市区人口大于 50 万小于或等于 100 万时，只计入市区影响；当城市市区人口超过 100 万时，除计入市区影响外，还应考虑 5 km 以内的郊区近郊影响系数。

第四节　地基承载力的确定

地基承载力是地基基础设计的最重要的依据，往往需要用多种方法进行分析与论证，才能为设计提供正确可靠的地基承载力值。下面介绍工程上经常采用的几种主要方法。

一、根据静荷载试验确定地基承载力标准值

(一)地基承载力特征值 f_{ak}

地基承载力特征值可由载荷试验或其他原位测试、公式计算，并结合工程实践经验等方法综合确定。

地基土浅层平板载荷试验适用于确定浅部地基土层承压板下应力的主要影响范围内的承载力和变形参数，承压板面积不应小于 0.25 m²，对于软土不应小于 0.5 m²。

试验基坑宽度不应小于承压板宽度或直径的三倍。应保持试验土层的原状结构和天然湿度。宜在拟试压表面用粗砂或中砂层找平，其厚度不应超过 20 mm。

加荷分级不应少于 8 级。最大加载量不应小于设计要求的两倍。

每级加载后，按间隔 10 min、10 min、10 min、15 min、15 min，以后为每隔半小时测读一次沉降量，当在连续两小时内，每小时的沉降量小于 0.1 mm 时，则认为已趋稳定，可加下一级荷载。

当出现下列情况之一时，即可终止加载：

(1)承压板周围的土明显地侧向挤出。

(2)沉降 S 急骤增大，荷载-沉降(P-S)曲线出现陡降段。

(3)在某一级荷载下，24 小时内沉降速率不能达到稳定标准。

(4)沉降量与承压板宽度或直径之比大于或等于 0.06。

根据地基静荷载试验资料，可作出荷载-沉降(P-S)曲线(图 6-15)，并按下述方法确定承载力特征值 f_{ak}：

(1)当 P-S 曲线上有比例界限时，取该比例界限所对应的荷载值。

(2)满足终止加载条件前三款的条件之一时，其对应的前一级荷载定为极限荷载，当该值小于对应比例界限的荷载值的两倍时，取极限荷载值的一半。

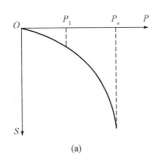 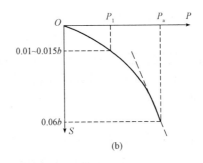

(a)　　　　　　　　　　　　　　　　　(b)

图 6-15　按 P-S 曲线确定地基承载力特征值

(a)低压缩性土；(b)中、高压缩性土

（3）不能按上述第（2）款要求确定时，当压板面积为 0.25～0.50 m² 时，可取 $S/b=0.01$ ～0.015 所对应的荷载值，但其值不应大于最大加载量的一半。

同一土层参加统计的试验点不应少于三点，当试验实测值的极差不超过平均值的 30％ 时，取此平均值作为该土层的地基承载力特征值 f_{ak}。

（二）地基承载力特征值的修正

进行荷载试验时增加基础的埋置深度和底面宽度，对同一土层来说，其承载力可以提高。因此，《建筑地基基础设计规范》（GB 50007—2011）规定，当基础宽度大于 3 m 或埋置深度大于 0.5 m 时，从载荷试验或其他原位测试、经验值等方法确定的地基承载力特征值，还应按下式修正：

$$f_a = f_{ak} + \eta_b \gamma (b-3) + \eta_d \gamma_m (d-0.5) \tag{6-13}$$

式中　f_a——修正后的地基承载力特征值（kPa）；

　　　f_{ak}——地基承载力特征值（kPa）；

　　　η_b，η_d——基础宽度和埋置深度的地基承载力修正系数，按表 4-1 取值；

　　　γ——基础底面以下土的重度，地下水水位以下取浮重度（kN/m³）；

　　　b——基础底面宽度（m），当基础底面宽度小于 3 m 时按 3 m 取值，大于 6 m 时按 6 m 取值；

　　　γ_m——基础底面以上土的加权平均重度，位于地下水水位以下的土层取有效重度（kN/m³）；

　　　d——基础埋置深度，宜自室外地面标高算起（m），在填方整平地区，可自填土地面标高算起，但填土在上部结构施工后完成时，应从天然地面标高算起，对于地下室，如采用箱形基础或筏板基础，基础埋置深度自室外地面标高算起，当采用独立基础或条形基础时，应从室内地面标高算起。

【例 6-1】 在孔隙比 $e=0.727$，液性指数 $I_L=0.5$，地基承载力特征值 $f_{ak}=240.7$ kPa 的黏性土上修建一基础，其埋置深度为 1.5 m，底宽为 2.5 m，埋置深度范围内土的重度 $\gamma_m=17.5$ kN/m³，基底下土的重度 $\gamma=18$ kN/m³，试确定该基础的地基承载力特征值。

解： 基底宽度小于 3 m，不作宽度修正。因该土的孔隙比及液性指数均小于 0.85，查表 4-1 得 $\eta_d=1.6$，故修正后的地基承载力特征值为

$$f_a = f_{ak} + \eta_b \gamma (b-3) + \eta_d \gamma_m (d-0.5) = 240.7 + 1.6 \times 17.5 \times (1.5-0.5) = 268.7 (\text{kPa})$$

二、根据地基强度理论公式确定地基承载力

当偏心距 e 小于或等于 0.033 倍基础底面宽度时，根据土的抗剪强度指标确定地基承

载力特征值可按下式计算，并应满足变形要求：

$$f_a = M_b \gamma b + M_d \gamma_m d + M_c c_k \qquad (6\text{-}14)$$

式中　f_a——由土的抗剪强度指标确定的地基承载力特征值(kPa)；

M_b，M_d，M_c——承载力系数，按表 6-7 确定；

　　　b——基础底面宽度(m)，大于 6 m 时按 6 m 取值，对于砂土小于 3 m 时按 3 m 取值；

　　　c_k——基底下一倍短边宽度的深度范围内土的黏聚力标准值(kPa)。

表 6-7　承载力系数 M_b、M_d、M_c

土的内摩擦角标准值 $\varphi_k/(°)$	M_b	M_d	M_c
0	0	1.00	3.14
2	0.03	1.12	3.32
4	0.06	1.25	3.51
6	0.10	1.39	3.71
8	0.14	1.55	3.93
10	0.18	1.73	4.17
12	0.23	1.94	4.42
14	0.29	2.17	4.69
16	0.36	2.43	5.00
18	0.43	2.72	5.31
20	0.51	3.06	5.66
22	0.61	3.44	6.04
24	0.80	3.87	6.45
26	1.10	4.37	6.90
28	1.40	4.93	7.40
30	1.90	5.59	7.95
32	2.60	6.35	8.55
34	3.40	7.21	9.22
36	4.20	8.25	9.97
38	5.00	9.44	10.80
40	5.80	10.84	11.73

注：φ_k——基底下一倍短边宽度的深度范围内土的内摩擦角标准值(°)。

【例 6-2】　某条形基础底宽 $b = 2.0$ m，埋置深度 $d = 1.5$ m，荷载合力的偏心距 $e = 0.05$ m，地基为粉质黏土，黏聚力 $c_k = 10$ kPa，内摩擦角 $\varphi_k = 20°$，埋置深度范围内土的重度 $\gamma_m = 17.5$ kN/m³，基底下土的重度 $\gamma = 18$ kN/m³，试确定该基础的地基承载力设计值。

解：因为 $e = 0.05$ m<0.033，$b = 0.033 \times 2.0 = 0.066$ m，故可按式(6-14)计算该基础的地基承载力设计值。由 $\varphi_k = 20°$，查表 6-7 可得：$M_b = 0.51$，$M_d = 3.06$，$M_c = 5.66$，则

则 $f_a = M_b \gamma b + M_d \gamma_m d + M_c c_k = 0.51 \times 18 \times 2.0 + 3.06 \times 17.5 \times 1.5 + 5.66 \times 10 = 155.29$(kPa)。

三、岩石地基承载力

对于完整、较完整、较破碎的岩石地基承载力特征值可按《建筑地基基础设计规范》

(GB 50007—2011)附录 H 岩基载荷试验方法确定；对破碎、极破碎的岩石地基承载力特征值，可根据平板载荷试验确定。对完整、较完整和较破碎的岩石地基承载力特征值，也可根据室内饱和单轴抗压强度按下式进行计算：

$$f_a = \psi_r \cdot f_{rk} \tag{6-15}$$

式中　f_a——岩石地基承载力特征值(kPa)；

　　　f_{rk}——岩石饱和单轴抗压强度标准值(kPa)，可按《建筑地基基础设计规范》(GB 50007—2011)附录 J 确定；

　　　ψ_r——折减系数，根据岩体完整程度以及结构面的间距、宽度、产状和组合，由地方经验确定，无经验时，对完整岩体可取 0.5，对较完整岩体可取 0.2～0.5，对较破碎岩体可取 0.1～0.2。

　　注：(1)上述折减系数值未考虑施工因素及建筑物使用后风化作用的继续。

　　　　(2)对于黏土质岩，在确保施工期及使用期不致遭水浸泡时，也可采用天然湿度的试样，不进行饱和处理。

第五节　基础底面尺寸的确定

在初步选择基础类型和埋置深度后，就可以根据持力层承载力设计值计算基础底面的尺寸。如果地基沉降计算深度范围内存在承载力显著低于持力层的下卧层，则所选择的基底尺寸还须满足对软弱下卧层验算的要求。另外，在选择基础底面尺寸后，必要时还应对地基变形或稳定性进行验算。

一、基础底面尺寸的确定

上部结构作用在基础顶面处的荷载包括竖向荷载值、基础自重、回填土重量、水平荷载以及作用在基础底面上的力矩值。《建筑地基基础设计规范》(GB 50007—2011)规定，确定基础底面面积时，传至基础底面上的荷载应采用正常使用极限状态下荷载效应的标准组合。

(一)轴心荷载作用

在轴心荷载作用下，基础通常对称布置(图 6-16)。假设基底压力按直线分布。这个假设，对于地基比较软弱、基础尺寸不大而刚度较大时是合适的，对于基础尺寸不大的其他情况也是可行的。此时，基底平均压力设计值 P_k(kPa)可按下列公式确定：

$$P_k = \frac{F_k + G_k}{A} = \frac{F_k + \gamma_G A \overline{d}}{A} \tag{6-16}$$

式中　F_k——相应于作用的标准组合时，上部结构传至基础顶面的竖向力值(kN)；

　　　G_k——基础自重和基础上的土重(kN)；

　　　A——基础底面面积(m^2)；

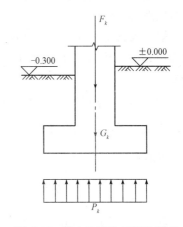

图 6-16　轴心荷载作用下的基础

γ_G——基础及其上的土的平均重度，通常取 $\gamma_G = 20\ \text{kN/m}^3$；

$\bar{d}$——基础埋置深度平均值 $\bar{d} = d + \dfrac{1}{2}\Delta\ (\text{m})$。

按地基承载力计算时，要求满足下式：

$$P_k \leqslant f_a \tag{6-17}$$

式中　f_a——修正后的地基承载力特征值（kPa）。

由式(6-16)和式(6-17)可得基础底面面积：

$$A \geqslant \frac{F_k}{f_a - \gamma_G \bar{d}} \tag{6-18}$$

(1)墙下条形基础，沿墙纵向取 1 m 为计算单元，轴心荷载也为单位长度的数值(kN/m)，即

$$b \geqslant \frac{F_k}{f_a - \gamma_G \bar{d}} \tag{6-19}$$

(2)方形柱下基础(一般用于方形截面柱)：

$$b \geqslant \sqrt{\frac{F_k}{f_a - \gamma_G \bar{d}}} \tag{6-20}$$

(3)矩形柱下基础，取基础底面长边和短边的比为：$n = l/d$（一般取 $n = 1.5 \sim 2.0$），有 $A = ld = nb^2$，则底宽为

$$b \geqslant \sqrt{\frac{F_k}{n(f_a - \gamma_G \bar{d})}} \tag{6-21}$$

在上面的计算中，需要先确定地基承载力特征值。而地基承载力特征值与基础底宽有关，即在式(6-19)~式(6-21)中，b 和 f_a 可能都是未知值，因此需要通过试算确定。因基础埋置深度 d 需要超过 0.5 m，可先假设基础宽度小于 3 m，对地基承载力特征值进行深度修正，然后按计算得到的基础宽度 b，考虑是否需要进行宽度修正。如需要，修正后再重新计算基底宽度。总之，基础埋置深度、底宽和承载力特征值的深度、宽度在修正应前后一致。

【例 6-3】　某黏性土重度 $\gamma = 17.5\ \text{kN/m}^3$，孔隙比 $e = 0.7$，液性指数 $I_L = 0.78$，已确定地基承载力特征值 $f_a = 218\ \text{kPa}$。现修建一外柱基础，柱截面面积为 300 mm×300 mm，作用在基础顶面处的轴心荷载设计值 $F_k = 700\ \text{kN}$，基础埋置深度(自室外地面起算)为 1.0 m，室内地面(标高±0.000)高于室外 0.30 m，试确定方形基础底面宽度。

解：假设基础宽度 $b \leqslant 3$ m，对地基承载力特征值进行深度修正，因持力层为孔隙比和液性指数均小于 0.85 的黏性土，故承载力修正系数 $\eta_d = 1.6$，则修正后的地基承载力特征值为

$$f_a = f_{ak} + \eta_b \gamma(b-3) + \eta_d \gamma_m (d - 0.5) = 218 + 1.6 \times 17.5 \times (1.0 - 0.5) = 232\ (\text{kPa})$$

基础埋置深度平均值 $\bar{d} = d + \dfrac{1}{2}\Delta = 1.0 + \dfrac{1}{2} \times 0.30 = 1.15\ (\text{m})$。

则基础宽度为：

$$b \geqslant \sqrt{\frac{F_k}{f_a - \gamma_G \bar{d}}} = \sqrt{\frac{700}{232 - 20 \times 1.15}} = 1.83\ (\text{m})$$

取 $l = b = 2$ m < 3 m，满足假设，不需进行宽度修正。

(二)偏心荷载作用

图 6-17 所示为荷载分布图,对基础底面形心而言,属于偏心荷载。根据按承载力计算的要求,在确定浅基础的基底尺寸时,设基础底面压力按直线变化,则按以下步骤确定基础的底面尺寸:

(1)先按轴心受压作用初步计算基础底面尺寸。

(2)根据偏心情况,将按轴心荷载作用计算得到的基底面面积增大 $10\% \sim 40\%$。

(3)对矩形基础选取适当的长宽比 $n = l/b$(一般取 $n = 1.5 \sim 2.0$),可初步确定基底长边和短边尺寸。

(4)考虑是否应对地基土承载力进行宽度修正。如果需要,在承载力修正后,重复上述第(2)~(3)步骤,使所取宽度前后一致。

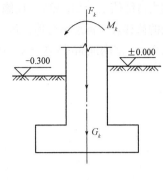

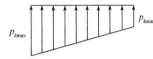

图 6-17 偏心荷载作用下的基础

(5)用下述承载力条件对计算处的基底面面积进行验算:

$$P_k = \frac{F_k + G_k}{A} \leqslant f_a \tag{6-22}$$

$$P_{k\max} = \frac{F_k + G_k}{A} + \frac{M_k}{W} \leqslant 1.2 f_a \tag{6-23}$$

对于墙下条形基础:

$$P_{k\max} = \frac{F_k + G_k}{b}\left(1 + \frac{6e_k}{b}\right) \leqslant 1.2 f_a \tag{6-24}$$

对于柱下矩形基础:

$$P_{k\max} = \frac{F_k + G_k}{A}\left(1 + \frac{6e_k}{l}\right) \leqslant 1.2 f_a \tag{6-25}$$

式中　M_k——相应于荷载效应标准组合时,作用于基础底面的力矩值(kN·m);

W——基础底面的抵抗拒(m^3),对于柱下矩形基础:$W = \frac{bl^2}{6}$;对于墙下条形基础:

$W = \frac{b^2}{6}$;

e_k——偏心距:

$$e_k = \frac{M_k}{F_k + G_k} \tag{6-26}$$

通常,基底最小压力的设计值不应出现负值($P_{k\min} \geqslant 0$),即要求偏心距 $e_k \leqslant \frac{l}{6}$(或 $e_k \leqslant \frac{b}{6}$)。当偏心距 $e_k > \frac{l}{6}$ 时(图 6-18),$P_{k\min}$ 为负值,此时,$P_{k\max}$ 按下式计算:

$$P_{k\max} = \frac{2(F_k + G_k)}{3ab} = \frac{2(F_k + G_k)}{3\left(\frac{l}{2} - e_k\right)b} \leqslant 1.2 f_a \tag{6-27}$$

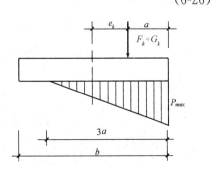

图 6-18 偏心荷载下基底压力计算示意图

【例 6-4】 某黏性土重度 $\gamma=17.5\text{kN/m}^3$，孔隙比 $e=0.7$，液性指数 $I_L=0.78$，已确定地基承载力特征值 $f_a=218$ kPa。现修建一外柱基础，柱截面面积为 500 mm×500 mm，作用在基础顶面处的荷载效应标准组合值：$F_k=2\,000$ kN，$M_k=400$ kN·m，基础埋置深度（自室外地面起算）为 1.0 m，室内地面（标高±0.000）高于室外 0.30 m，试确定基础底面尺寸（图 6-19）。

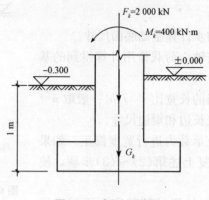

图 6-19 例 6-4 附图

解：（1）假设基础宽度小于 3 m，对地基承载力特征值进行修正，因持力层为孔隙比和液性指数均小于 0.85 的黏性土，故承载力修正系数 $\eta_d=1.6$，则修正后的地基承载力特征值为

$$f_a=f_{ak}+\eta_b\gamma(b-3)+\eta_d\gamma_m(d-0.5)=218+1.6\times17.5\times(1.0-0.5)=232(\text{kPa})$$

（2）初步确定基础底面尺寸。

基础埋置深度平均值：

$$\bar{d}=d+\frac{1}{2}\Delta=1.0+\frac{1}{2}\times0.30=1.15(\text{m})。$$

$$A\geqslant\frac{F_k}{f_a-\gamma_G\bar{d}}=\frac{2\,000}{232-20\times1.15}=9.57(\text{m}^2)$$

考虑基础偏心，将基础底面面积初步增大 10%，即 $A=1.1\times9.57=10.53(\text{m}^2)$，取 $n=l/b=1.5$，所以初步得：

$$b=\sqrt{\frac{A}{n}}=\sqrt{\frac{10.53}{1.5}}=2.65(\text{m})$$

取 $b=3$ m，$l=1.5\,b=1.5\times3=4.5(\text{m})$。

（3）验算地基承载力。

基底处总竖向压力：

$$F_k+G_k=F_k+\gamma_G A\bar{d}=2\,000+20\times3\times4.5\times1.15=2\,310.5(\text{kN})$$

$$P_k=\frac{F_k+G_k}{A}=\frac{2\,310.5}{3\times4.5}=171.15(\text{kPa})<f_a=232\text{ kPa}$$

偏心距：

$$e_k=\frac{M_k}{F_k+G_k}=\frac{400}{2\,310.5}=0.17(\text{m})<\frac{l}{6}=\frac{4.5}{6}=0.75(\text{m})$$

$$P_{kmax}=\frac{F_k+G_k}{A}\left(1+\frac{6e_k}{l}\right)=\frac{2\,310.5}{3\times4.5}\times\left(1+\frac{6\times0.17}{4.5}\right)=209.94(\text{kPa})\leqslant1.2f_a=1.2\times232=278.4(\text{kPa})$$

满足地基承载力要求，因此，该基础底面尺寸为 $b=3$ m，$l=4.5$ m。

二、软弱下卧层承载力验算

在多数情况下，随着深度的增加，同一土层的压缩性降低，抗剪强度和承载力提高。但在成层地基中，有时却可能遇到软弱下卧层。如果在持力层以下的地基范围内，存在压缩性高、抗剪强度和承载力低的土层，则除按持力层承载力确定基底尺寸外，还应对软弱下卧层进行验算。要求软弱下卧层顶面处的附加应力设计值 P_z 与土的自重应力 P_{cz} 之和不超过软弱下卧层的承载力设计值 f_{az}，即

$$P_z + P_{cz} \leqslant f_{az} \tag{6-28}$$

式中　P_z——相应于作用的标准组合时，软弱下卧层顶面处的附加压力值(kPa)；

　　　P_{cz}——软弱下卧层顶面处土的自重压力值(kPa)；

　　　f_{az}——软弱下卧层顶面处经深度修正后的地基承载力特征值(kPa)。

计算附加应力 P_z 时，一般按压力扩散角的原理考虑(图 6-20)。当上部土层与软弱下卧层的压缩模量比值大于或等于 3 时，P_z 可按下式计算：

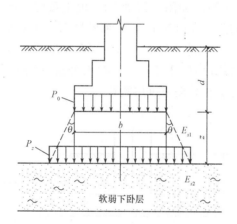

图 6-20　软弱下卧层承载力验算

条形基础：

$$P_z = \frac{P_0 b}{b + 2z\tan\theta} \tag{6-29}$$

矩形基础：

$$P_z = \frac{P_0 lb}{(l + 2z\tan\theta)(b + 2z\tan\theta)} \tag{6-30}$$

式中　P_0——基础底面平均附加压力(kPa)，$P_0 = P_k - P_c$；

　　　P_k——相应于荷载效应标准组合时基底的压力(kPa)；

　　　P_c——基础底面处土的自重压力值(kPa)；

　　　b——条形和矩形基础底面宽度(m)；

　　　l——矩形基础底边长度(m)；

　　　z——基础底面至软弱下卧层顶面的距离(m)；

　　　θ——地基压力扩散线与垂线的夹角(°)，按表 6-8 采用。

表 6-8 未列出 $E_{s1}/E_{s2} < 3$ 的资料。对此，可认为：当 $E_{s1}/E_{s2} < 3$ 时，意味着下层土的压缩模量与上层土的压缩模量差别不大，即下层土不"软弱"。如果 $E_{s1} = E_{s2}$，则不存在软弱下卧层。

表 6-8　地基压力扩散角 θ

E_{s1}/E_{s2}	z/b	
	0.25	0.50
3	6°	23°
5	10°	25°
10	20°	30°

注：1. E_{s1} 为上层土压缩模量；E_{s2} 为下层土压缩模量；

2. $z/b<0.25$ 时取 $\theta=0°$，必要时，宜由试验确定；$z/b>0.50$ 时 θ 值不变；

3. z/b 在 0.25 与 0.50 之间可插值使用。

如果软弱下卧层的承载力不满足要求，则该基础的沉降可能较大，或者可能产生剪切破坏。这时应考虑增大基础底面尺寸，或改变基础类型，减小埋置深度。如果这样处理后仍未能符合要求，则应考虑采用其他地基基础方案。

【例 6-5】　地基土层分布情况如图 6-21 所示。填土重度 $\gamma=16.5\ \text{kN/m}^3$。持力层为粉质黏土，厚度为 2.5 m，重度 $\gamma=18\ \text{kN/m}^3$，压缩模量 $E_s=9\ \text{MPa}$，地基承载力特征值 $f_{ak}=190\ \text{kPa}$。下卧层为淤泥质土，压缩模量 $E_s=1.8\ \text{MPa}$，地基承载力特征值 $f_{ak}=84\ \text{kPa}$。现建造一条形基础，基础埋置深度 $d=1.0\ \text{m}$，基础顶面轴心荷载设计值 $F_k=300\ \text{kN/m}$，试确定该条形基础底面尺寸并进行软弱下卧层验算。

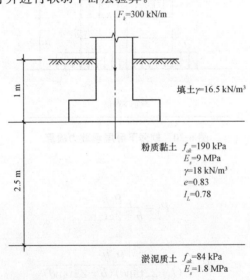

图 6-21　例 6-5 附图

解：（1）基础底面尺寸确定。

条形基础取墙长 1 m 为计算单元，假设基础宽度小于 3 m，因持力层为孔隙比和液性指数均小于 0.85 的黏性土，故承载力修正系数 $\eta_d=1.6$，则修正后的地基承载力特征值为

$$f_a=f_{ak}+\eta_b\gamma(b-3)+\eta_d\gamma_m(d-0.5)=190+1.6\times18\times(1.0-0.5)=204.4(\text{kPa})$$

基础宽度为　　　　　　$$b\geqslant\frac{F_k}{f_a-\gamma_G d}=\frac{300}{204.4-20\times1.0}=1.63(\text{m})$$

取 $b=2$ m <3 m，满足假设。

(2)软弱下卧层验算。

由 $E_{s1}/E_{s2}=9/1.8=5$，$z/b=2.5/2=1.25>0.5$，查表6-8得地基压力扩散角 $\theta=25°$，基础底面平均附加压力：

$$P_0=P_k-P_c=\frac{F_k+G_k}{b}-\gamma d=\frac{300+20\times2}{2}-16.5\times1=153.5(\text{kPa})$$

下卧层顶面处附加压力：

$$P_z=\frac{P_0b}{b+2z\tan\theta}=\frac{153.5\times2}{2+2\times2.5\times\tan25°}=70.88(\text{kPa})$$

下卧层顶面处土的自重应力：

$$P_{cz}=16.5\times1+18\times2.5=61.5(\text{kPa})$$

修正下卧层承载力特征值，修正系数 $\eta_d=1.0$。

$$\gamma_m=\frac{P_{cz}}{d+z}=\frac{61.5}{1.0+2.5}=17.57(\text{kN/m}^3)$$

$$f_{az}=f_{ak}+\eta_b\gamma(b-3)+\eta_d\gamma_m(d+z-0.5)=84+1.0\times17.57\times(1.0+2.5-0.5)=136.71(\text{kPa})$$
$$P_z+P_{cz}=70.88+61.5=132.38(\text{kPa})<f_{az}=136.71 \text{ kPa}$$

软弱下卧层满足要求。

第六节　无筋扩展基础设计

无筋扩展基础可用于6层和6层以上(三合土基础不宜超过4层)的民用建筑和墙承重的厂房。此类基础的抗拉强度和抗剪强度较低，因此，必须控制基础内的拉应力和剪应力，使得在压力分布线范围内的基础主要承受压应力，而弯曲应力和剪应力则很小。如图6-22所示，基础底面宽度为 b，高度为 H_0，基础台阶挑出墙或柱外的长度为 b_2。基础顶面与基础墙或柱的交点的垂线与压力线的夹角称为压力角，刚性基础中压力角的极限值称为刚性角。它随基础材料的不同而有不同的数值。由此可知，刚性基础是指将基础尺寸控制在刚性角限定的范围内，一般由基础台阶的高宽比控制，即要求：

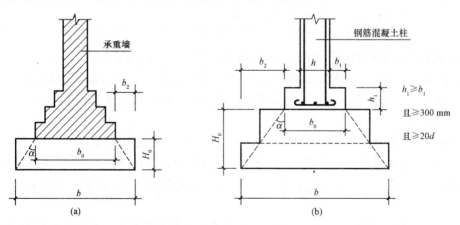

图6-22　无筋扩展基础构造示意

$$H_0 \geqslant \frac{b-b_0}{2\tan\alpha} \tag{6-31}$$

式中　b——基础底面宽度(m)；

　　　b_0——基础顶面的墙体宽度或柱脚宽度(m)；

　　　H_0——基础高度(m)；

　　　$\tan\alpha$——基础台阶宽高比$\dfrac{b_2}{H_0}$，其允许值可按表 6-9 选用；

　　　b_2——基础台阶宽度(m)，$b_2 = \dfrac{b-b_0}{2}$。

表 6-9　无筋扩展基础台阶宽高比的允许值

基础材料	质量要求	台阶宽高比的允许值		
		$P_k \leqslant 100$	$100 < P_k \leqslant 200$	$200 < P_k \leqslant 300$
混凝土基础	C15 混凝土	1∶1.00	1∶1.00	1∶1.25
毛石混凝土基础	C15 混凝土	1∶1.00	1∶1.25	1∶1.50
砖基础	砖不低于 MU10、砂浆不低于 M5	1∶1.50	1∶1.50	1∶1.50
毛石基础	砂浆不低于 M5	1∶1.25	1∶1.50	—
灰土基础	体积比为 3∶7 或 2∶8 的灰土，其最小干密度： 粉土 1 550 kg/m³ 粉质黏土 1 500 kg/m³ 黏土 1 450 kg/m³	1∶1.25	1∶1.50	—
三合土基础	体积比 1∶2∶4～1∶3∶6(石灰∶砂∶集料)，每层约虚铺 220 mm，夯至 150 mm	1∶1.50	1∶2.00	—

注：1. P_k 为作用标准组合时的基础底面处的平均压力值(kPa)。

　　2. 阶梯形毛石基础的每阶伸出宽度，不宜大于 200 mm。

　　3. 当基础由不同材料叠合组成时，应对接触部分作抗压验算。

　　4. 混凝土基础单侧扩展范围内基础底面处的平均压力值超过 300 kPa 时，还应进行抗剪验算；对基底反力集中于立柱附近的岩石地基，应进行局部受压承载力验算。

采用无筋扩展基础的钢筋混凝土柱，其柱脚高度 h_1 不得小于 b_1(图 6-22)，并不应小于 300 mm 且不小于 $20d$(d 为柱中的纵向受力钢筋的最大直径)。当柱纵向钢筋在柱脚内的竖向锚固长度不满足锚固要求时，可沿水平方向弯折，弯折后的水平锚固长度不应小于 $10d$，也不应大于 $20d$。

【例 6-6】 某砌体结构，墙体厚度为 240 mm。采用墙下条形基础(图 6-23)，基础埋置深度 $d = 1.0$ m，基础顶面轴心荷载设计值 $F_k = 200$ kN/m，地基持力层为粉质黏土，重度 $\gamma = 18$ kN/m³，孔隙比 $e = 0.7$，液性指数 $I_L = 0.78$，地基承载力特征值 $f_{ak} = 150$ kPa，试设计此基础。

解： (1)基础宽度假设基础宽度小于 3 m，因持力层为孔隙比和液性指数均小于 0.85 的黏性土，故承载力修正系数 $\eta_d = 1.6$，则修正后的地基承载力特征值为

$$f_a = f_{ak} + \eta_b \gamma (b-3) + \eta_d \gamma_m (d-0.5) = 150 + 1.6 \times 18 \times (1.0-0.5) = 164.4 \text{(kPa)}$$

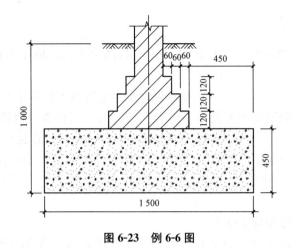

图 6-23　例 6-6 图

基础宽度为

$$b \geqslant \frac{F_k}{f_a - \gamma_G d} = \frac{200}{164.4 - 20 \times 1.0} = 1.39 (\text{m})$$

取基础宽度 $b = 1.5$ m < 3 m。

(2)台阶宽度。基础采用一层素混凝土，上层用砖砌三层大放脚，大放脚采用两皮一收的等高式，每两皮标注尺寸为 120 mm，故基础台阶宽度：

$$b_2 = \frac{b - b_0}{2} = \frac{1.5 - 0.24 - 6 \times 0.06}{2} = 0.45 (\text{m})$$

(3)台阶高度。基底反力 $P_k = \frac{F_k + G_k}{b} = \frac{200 + 20 \times 1.0}{1.5} = 146.67 (\text{kPa})$。

因 $100 < P_k < 200$，由表 6-9 得素混凝土基础台阶高宽比允许值为 $1 : 1.00$。

$$H_0 \geqslant \frac{b - b_0}{2 \tan \alpha} = \frac{0.6}{2 \times (1/1.00)} = 0.3 (\text{m})$$

取台阶高度 $H_0 = 0.3$ m。

(4)最上层砖台阶顶面距室外设计地坪距离为

$$1\ 000 - 450 - 120 \times 3 = 190 (\text{mm}) > 100 \text{ mm}$$

符合构造要求。

第七节　扩展基础设计

扩展基础的底面向外扩展，基础外伸的宽度大于基础高度，基础材料承受拉应力。因此，扩展基础必须采用钢筋混凝土材料。扩展基础适用于上部结构荷载较大，有时为偏心荷载或承受弯矩和水平荷载的建筑物的基础。在地基表层土质较好，下层土质较差的情况下，利用表层好土质浅埋，最适合采用扩展基础。扩展基础可分为柱下钢筋混凝土独立基础和墙下钢筋混凝土条形基础两类。

一、构造要求

扩展基础设计应符合下列构造要求。

(一)一般构造要求

(1)锥形基础的边缘高度不宜小于 200 mm，且两个方向的坡度不宜大于 1∶3；阶梯形基础的每阶高度宜为 300～500 mm。

(2)垫层的厚度不宜小于 70 mm，垫层混凝土强度等级不宜低于 C10。

(3)扩展基础受力钢筋最小配筋率不应小于 0.15%，底板受力钢筋的最小直径不应小于 10 mm，间距不应大于 200 mm，也不应小于 100 mm。墙下钢筋混凝土条形基础纵向分布钢筋的直径不应小于 8 mm；间距不应大于 300 mm；每延米分布钢筋的面积应不小于受力钢筋面积的 15%。当有垫层时钢筋保护层的厚度不应小于 40 mm；无垫层时不应小于 70 mm。

(4)混凝土强度等级不应低于 C20。

(5)当柱下钢筋混凝土独立基础的边长和墙下钢筋混凝土条形基础的宽度大于或等于 2.5 m 时，底板受力钢筋的长度可取边长或宽度的 0.9 倍，并宜交错布置，如图 6-24 所示。

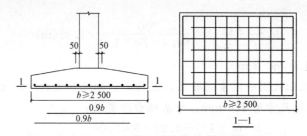

图 6-24　柱下独立基础底板受力钢筋布置

(6)钢筋混凝土条形基础底板在 T 形及十字形交接处，底板横向受力钢筋仅沿一个主要受力方向通长布置，另一方向的横向受力钢筋可布置到主要受力方向底板宽度 1/4 处(图 6-25)，在拐角处底板横向受力钢筋应沿两个方向布置(图 6-25)。

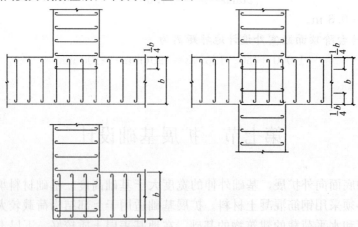

图 6-25　墙下条形基础纵横交叉处底板受力钢筋布置

(二)现浇柱基础构造

钢筋混凝土柱和剪力墙纵向受力钢筋在基础内的锚固长度应符合下列规定：

(1)钢筋混凝土柱和剪力墙纵向受力钢筋在基础内的锚固长度 l_a，应根据现行国家标准

《混凝土结构设计规范(2015年版)》(GB 50010—2010)的有关规定确定。

(2)抗震设防烈度为6度、7度、8度和9度地区的建筑工程,纵向受力钢筋的抗震锚固长度 l_{aE},应按下式计算:

①一、二级抗震等级纵向受力钢筋的抗震锚固长度 l_{aE},应按下式计算:

$$l_{aE}=1.15l_a \tag{6-32}$$

②三级抗震等级纵向受力钢筋的抗震锚固长度 l_{aE},应按下式计算:

$$l_{aE}=1.05l_a \tag{6-33}$$

③四级抗震等级纵向受力钢筋的抗震锚固长度 l_{aE},应按下式计算:

$$l_{aE}=l_a \tag{6-34}$$

(3)当基础高度小于 $l_a(l_{aE})$ 时,纵向受力钢筋的锚固总长度除符合上述要求外,其最小直锚段的长度不应小于 $20d$,弯折段的长度不应小于150 mm。

(4)现浇柱的基础,其插筋的数量、直径以及钢筋种类应与柱内纵向受力钢筋相同。插筋的锚固长度应满足钢筋混凝土柱和剪力墙纵向受力钢筋在基础内的锚固长度的规定,插筋与柱的纵向受力钢筋的连接方法,应符合现行国家标准《混凝土结构设计规范(2015年版)》(GB 50010—2010)的有关规定。插筋的下端宜做成直钩放在基础底板钢筋网上。当符合下列条件之一时,可仅将四角的插筋伸至底板钢筋网上,其余插筋锚固在基础顶面下 l_a 或 l_{aE} 处(图6-26)。

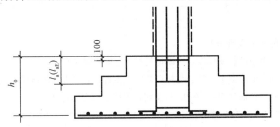

图6-26　现浇柱的基础中插筋构造示意图

①柱为轴心受压或小偏心受压,基础高度大于等于1 200 mm;
②柱为大偏心受压,基础高度大于等于1 400 mm。

(三)预制柱基础构造

预制钢筋混凝土柱与杯口基础的连接(图6-27),应符合下列规定:

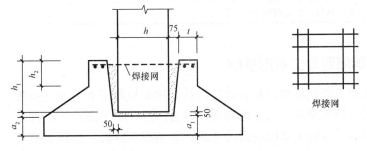

图6-27　预制钢筋混凝土柱与杯口基础的连接示意图

注:$a_2 \geqslant a_1$

(1)柱的插入深度可按表6-10选用,并应满足钢筋锚固长度的要求及吊装时柱的稳定性要求。

表 6-10　柱的插入深度 h_1　　　　　　　　　　　　mm

矩形或工字形柱				双肢柱
$h<500$	$500 \leqslant h<800$	$800 \leqslant h \leqslant 1\ 000$	$h>1\ 000$	
$h \sim 1.2h$	h	$0.9h$ 且 $\geqslant 800$	$0.8h$ $\geqslant 1\ 000$	$(1/3 \sim 2/3)h_a$ $(1.5 \sim 1.8)h_b$

注：1. h 为柱截面长边尺寸，h_a 为双肢柱全截面长边尺寸，h_b 为双肢柱全截面短边尺寸。
　　2. 柱轴心受压或小偏心受压时，h_1 可适当减小，偏心距大于 $2h$ 时，h_1 应适当加大。

（2）基础的杯底厚度和杯壁厚度可按表 6-11 选用。

表 6-11　基础的杯底厚度和杯壁厚度　　　　　　　　　　mm

柱截面长边尺寸 h	杯底厚度 a_1	杯壁厚度 t
$h<500$	$\geqslant 150$	$150 \sim 200$
$500 \leqslant h<800$	$\geqslant 200$	$\geqslant 200$
$800 \leqslant h<1\ 000$	$\geqslant 200$	$\geqslant 300$
$1\ 000 \leqslant h<1\ 500$	$\geqslant 250$	$\geqslant 350$
$1\ 500 \leqslant h<2\ 000$	$\geqslant 300$	$\geqslant 400$

注：1. 双肢柱的杯底厚度值，可适当加大。
　　2. 当有基础梁时，基础梁下的杯壁厚度，应满足其支承宽度的要求。
　　3. 柱子插入杯口部分的表面应凿毛，柱子与杯口之间的空隙，应用比基础混凝土强度等级高一级的细石混凝土充填密实，当达到材料设计强度的 70% 以上时，方能进行上部吊装。

（3）当柱为轴心受压或小偏心受压且 $t/h_2 \geqslant 0.65$ 时，或大偏心受压且 $t/h_2 \geqslant 0.75$ 时，杯壁可不配筋；当柱为轴心受压或小偏心受压且 $0.5 \leqslant t/h_2 < 0.65$ 时，杯壁可按表 6-12 构造配筋；其他情况下，应按计算配筋。

表 6-12　杯壁构造配筋

柱截面长边尺寸/mm	$h<1\ 000$	$1\ 000 \leqslant h<1\ 500$	$1\ 500 \leqslant h<2\ 000$
钢筋直径/mm	$8 \sim 10$	$10 \sim 12$	$12 \sim 16$

注：表中钢筋置于杯口顶部，每边两根(图 6-27)。

二、墙下钢筋混凝土条形基础

墙下钢筋混凝土条形基础的截面设计包括基础底板厚度和基础底板配筋计算。在这些计算中，可不考虑基础及其上面土的重力，因为由这些重力所产生的那部分地基反力将与重力相抵消。当然，在确定基础底面尺寸或计算基础沉降时，基础及其上面土的重力是要考虑的。

（一）轴心荷载作用

墙下钢筋混凝土条形基础底板厚度主要由抗剪强度确定，基础底板如同倒置的悬臂板，计算基础内力时，通常沿条形基础长度取单位长度进行计算。在地基净反力作用下，基础的最大内力实际发生在悬臂板的根部，即墙外边缘垂直截面处。

(1)地基净反力计算。地基净反力 p_j 是扣除基础自重及其上土重度后相应于荷载效应基本组合时的地基土单位面积净反力，可按下式计算：

$$p_j = \frac{F}{b} \qquad (6\text{-}35)$$

式中　F——作用在基础顶面上由上部荷载传来的荷载效应基本组合设计值(kN/m)；
　　　b——基础宽度(m)。

(2)内力设计值计算。基础截面Ⅰ－Ⅰ处(图6-28)的弯矩和剪力为

$$M = \frac{1}{2} p_j a_1^2 \qquad (6\text{-}36)$$

$$V = p_j a_1 \qquad (6\text{-}37)$$

式中　M——基础底部最大弯矩设计值(kN·m)；
　　　V——基础底部最大剪力设计值(kN)。

当墙体材料为混凝土时，式(6-36)和式(6-37)中取 $a_1 = b_1$。

当墙体为砖墙且大放脚不大于1/4砖长时，最大内力设计值位于墙边截面(图6-29)，此时可按下式计算：

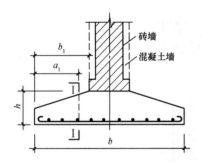

图6-28　墙下条形基础计算示意图

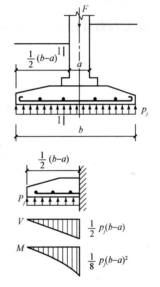

图6-29　墙下条形基础的受力分析

$$M = \frac{1}{8} p_j (b-a)^2 \qquad (6\text{-}38)$$

$$V = \frac{1}{2} p_j (b-a) \qquad (6\text{-}39)$$

式中　a——砖墙厚度。

(3)基础底板厚度。为了防止因剪力作用使基础底板发生剪切破坏，要求底板应有足够的厚度。条形基础底板厚度的确定有下列两种方法：

1)根据经验，一般取 $h = b/8$(b 为基础宽度)，再进行抗剪验算：

$$V \leqslant 0.7 \beta_{hp} f_t l h_0 \qquad (6\text{-}40)$$

2)根据剪力值，按受剪承载力条件，求得条形基础的截面有效厚度 h_0，即

$$h_0 \geqslant \frac{V}{0.7\beta_{hp}f_t l} \qquad (6\text{-}41)$$

式中　l——条形基础沿长边方向的长度，通常取 1 m；

　　　f_t——混凝土轴心抗拉强度设计值(N/mm²)；

　　　β_{hp}——受剪承载力截面高度影响系数，$\beta_{hp}=\left(\dfrac{800}{h_0}\right)^{\frac{1}{4}}$，当 h_0 小于 800 mm 时，取 $h_0=$ 800 mm，当 h_0 大于 2 000 mm 时，取 $h_0=2\,000$ mm；

　　　h_0——基础底板有效厚度(mm)，$h_0=h-40$(有垫层时)，$h_0=h-70$(无垫层时)。

基础底板厚度的最后取值，应以 50 mm 为模数确定。一般条形基础的受剪承载力均能满足要求。

(4)基础底板配筋。基础底板配筋按下式计算：

$$A_s = \frac{M}{0.9f_y h_0} \qquad (6\text{-}42)$$

式中　A_s——条形基础每延米长基础底板受力钢筋截面面积(mm²)；

　　　f_y——钢筋抗拉强度设计值(N/mm²)。

(二)偏心荷载作用

基础在偏心荷载作用下，基底净反力一般呈梯形分布(图 6-30)。

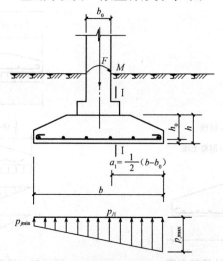

图 6-30　偏心荷载作用下的条形基础

(1)地基净反力偏心距。

$$e_0 = \frac{M}{F} < \frac{b}{6} \qquad (6\text{-}43)$$

(2)地基净反力。基底边缘处的最大和最小净反力：

$$\frac{p_{j\max}}{p_{j\min}} = \frac{F}{b}\left(1\pm\frac{6e_0}{b}\right) \qquad (6\text{-}44)$$

悬臂支座处 Ⅰ—Ⅰ 截面地基净反力为

$$p_{j1} = p_{j\min} + \frac{b-a_1}{b}(p_{j\max}-p_{j\min}) \qquad (6\text{-}45)$$

(3)最大内力设计值。Ⅰ—Ⅰ 截面处的弯矩和剪力：

$$M=\frac{(2p_{jmax}+p_{j1})}{6}a_1^2 \tag{6-46}$$

$$V=\frac{1}{2}(p_{jmax}+p_{j1})a_1 \tag{6-47}$$

(4)基础底板厚度及配筋计算和轴心受压相同。

【例6-7】 某住宅楼砖墙承重，底层墙厚为0.37 m，相应于荷载效应基本组合时，作用基础顶面上的荷载$F=235$ kN/m，基础埋置深度$d=1.0$ m，已知条形基础宽度$b=2.0$ m，基础材料采用强度等级为C15的混凝土，$f_t=0.91$ N/mm²；HPB300级钢筋，$f_y=270$ N/mm²。试确定墙下钢筋混凝土条形基础的底板厚度及配筋。

解： (1)地基净反力。

$$p_j=\frac{F}{b}=\frac{235}{2}=117.5(\text{kPa})$$

(2)内力计算。

$$M=\frac{1}{8}p_j(b-a)^2=\frac{1}{8}\times117.5\times(2-0.37)^2=39.02(\text{kN}\cdot\text{m})$$

$$V=\frac{1}{2}p_j(b-a)=\frac{1}{2}\times117.5\times(2-0.37)=95.76(\text{kN})$$

(3)基础底板厚度。

假设基础有效高度$h_0\leqslant800$ mm，则$\beta_{hp}=1.0$，

$$h_0\geqslant\frac{V}{0.7\beta_{hp}f_tl}=\frac{95.76\times10^3}{0.7\times1.0\times0.91\times1\,000}=150.33(\text{mm})$$

基础底板厚度取$h=300$ mm，$h_0=h-40=300-40=260(\text{mm})$（基础底板下为100 mm厚的C15素混凝土垫层）。

(4)基础底板配筋。

$$A_s=\frac{M}{0.9f_yh_0}=\frac{39.02\times10^6}{0.9\times270\times260}=617.6(\text{mm}^2)$$

选用$\phi12@140(A_s=808\ \text{mm}^2)$，分布筋选用$\phi8@300$。

受力钢筋配筋率$\rho=\frac{A_s}{bh}=\frac{808}{1\,000\times300}\times100\%=0.27\%>0.15\%$，符合构造要求（图6-31）。

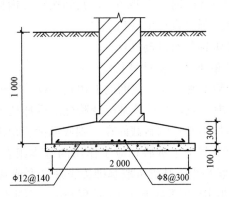

图6-31 例6-7图

三、柱下钢筋混凝土独立基础

柱下钢筋混凝土独立基础的结构计算主要包括冲切和受弯计算，由冲切强度条件控制柱边处基础高度和变阶处高度，底板弯矩决定配筋量。

（一）轴心荷载作用

1. 基础底板高度

基础高度由混凝土抗冲切强度确定。在柱荷载作用下，如果基础高度（或阶梯高度）不足，将沿柱周边（或阶梯高度变化处）产生冲切破坏，形成45°斜裂面的角锥体（图6-32）。因此，由冲切破坏锥体以外的地基净反力所产生的冲切力应小于冲切面处混凝土的抗冲切能力。

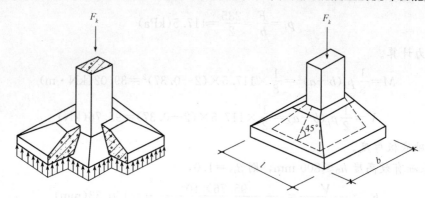

图 6-32　基础冲切破坏

矩形基础一般沿柱短边一侧先产生冲切破坏，所以，只需根据短边一侧的冲切破坏条件确定基础高度，即要求：

$$F_l \leqslant 0.7\beta_{hp}f_t a_m h_0 \tag{6-48}$$

$$a_m = \frac{a_t + a_b}{2} \tag{6-49}$$

$$F_l = p_j A_l \tag{6-50}$$

式中　β_{hp}——受冲切承载力截面高度影响系数，当 h 不大于 800 mm 时，β_{hp} 取 1.0，当 h 大于等于 2 000 mm 时，β_{hp} 取 0.9，其间按线性内插法取用；

　　　f_t——混凝土轴心抗拉强度设计值（kPa）；

　　　h_0——基础冲切破坏锥体的有效高度（m）；

　　　a_m——冲切破坏锥体最不利一侧计算长度（m）；

　　　a_t——冲切破坏锥体最不利一侧斜截面的上边长（m），当计算柱与基础交接处的受冲切承载力时，取柱宽，当计算基础变阶处的受冲切承载力时，取上阶宽；

　　　a_b——冲切破坏锥体最不利一侧斜截面在基础底面面积范围内的下边长（m）；

　　　p_j——扣除基础自重及其上土重后相应于作用的基本组合时的地基土单位面积净反力（kPa），对偏心受压基础可取基础边缘处最大地基土单位面积净反力；

　　　A_l——冲切验算时取用的部分基底面面积（m²），图 6-33（a）、（b）中的阴影面积 $ABCDEF$；

　　　F_l——相应于作用的基本组合时作用在 A_l 上的地基土净反力设计值（kPa）。

当冲切破坏锥体的底面落在基础底面以内(图 6-33)，即 $b \geq b_t + 2h_0$ 时，计算柱与基础交接处的受冲切承载力时，取柱宽加两倍基础有效高度；当计算基础变阶处的受冲切承载力时，取上阶宽加两倍该处的基础有效高度，即有：

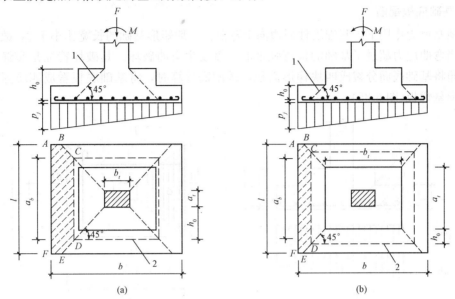

图 6-33　独立基础受冲切承载力截面位置

(a)柱与基础交接处；(b)基础变阶处

1—冲切破坏锥体最不利一侧的斜截面；2—冲切破坏锥体的底面线

$$a_b = b_t + 2h_0 \tag{6-51}$$

此时，

$$A_l = \left(\frac{l}{2} - \frac{a_t}{2} - h_0 \right) b - \left(\frac{b}{2} - \frac{b_t}{2} - h_0 \right)^2 \tag{6-52}$$

当冲切破坏锥体的底面落在基础底面以外(图 6-34)，即 $b < b_t + 2h_0$ 时，

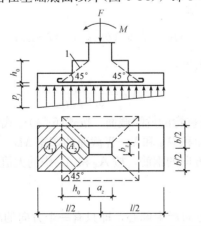

图 6-34　冲切破坏锥体的底面落在基础底面以外

$$A_l = \left(\frac{l}{2} - \frac{a_t}{2} - h_0 \right) b \tag{6-53}$$

对于阶梯形基础，如分成二级的阶梯形，除对柱边进行冲切验算外，还应对上一阶底

边变阶处进行下阶的冲切验算。验算方法与柱边冲切验算相同，只是将柱底长边和短边尺寸分别换为上阶的长边和短边，有效高度换为下阶有效高度即可。当基础底面全部落在 45° 冲切破坏锥体底边以内时，则成为刚性基础，不必进行计算。

2. 基础底板配筋

在地基反力作用下，基础沿柱周边向上弯曲。一般矩形基础的长宽比小于 2，故为双向受弯。当弯曲应力超过了基础的抗弯强度时，就发生弯曲破坏。其破坏特征是裂缝沿柱角至基础角将基础底面分裂成四块梯形面积，故配筋计算时，将基础底板看成四块固定在柱边的梯形悬臂板(图 6-35)。

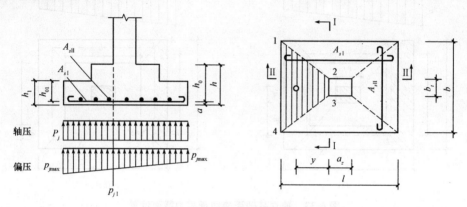

图 6-35　基础底板配筋示意图

地基净反力对柱边 Ⅰ－Ⅰ 截面产生的弯矩：

$$M_{I} = \frac{1}{24} p_j \ (l - a_z)^2 (2b + b_z) \tag{6-54}$$

平行于长边方向的受力钢筋面积按下式计算：

$$A_{sI} = \frac{M_I}{0.9 f_y h_0} \tag{6-55}$$

柱边 Ⅱ－Ⅱ 截面产生的弯矩：

$$M_{II} = \frac{1}{24} p_j \ (b - b_z)^2 (2l + a_z) \tag{6-56}$$

平行短边方向的钢筋面积为：

$$A_{sII} = \frac{M_{II}}{0.9 f_y h_0} \tag{6-57}$$

阶梯形基础在变阶处也是抗弯的危险截面，按式(6-54)～式(6-57)可以分别计算上阶底边 Ⅲ－Ⅲ 截面的弯矩 M_{III}、钢筋面积 A_{sIII} 和 Ⅳ－Ⅳ 截面的弯矩 M_{IV}、钢筋面积 A_{sIV}。然后按 A_{sI} 和 A_{sIII} 中的大值配置平行于长边方向的钢筋，按 A_{sII} 和 A_{sIV} 中的大值配置平行于短边方向的钢筋。

(二)偏心荷载作用

如果只在矩形基础长边方向产生偏心，即只有一个方向的净偏心距 $e_0 = \dfrac{M}{F}$(M 为基础底面形心处的弯矩)。当 $e_0 \leqslant \dfrac{l}{6}$ 时，基底净反力的最大值和最小值为

$$\begin{matrix} p_{j\max} \\ p_{j\min} \end{matrix} = \frac{F}{lb} \left(1 \pm \frac{6e_0}{l} \right) \tag{6-58}$$

柱边Ⅰ－Ⅰ截面处的基底净反力值为：

$$p_{j1} = p_{j\min} + \frac{l+a_z}{2l}(p_{j\max} - p_{j\min})$$ (6-59)

1. 基础底板高度

可按式(6-48)~式(6-53)计算，但应以 $p_{j\max}$ 代替式中的 p_j。

2. 基础底板配筋

地基净反力对柱边Ⅰ－Ⅰ截面产生的弯矩：

$$M_{\mathrm{I}} = \frac{1}{48}(l-a_z)^2(2b+b_z)(p_{j\max} + p_{j1})$$ (6-60)

平行于长边方向的受力钢筋面积按下式计算：

$$A_{s\mathrm{I}} = \frac{M_{\mathrm{I}}}{0.9 f_y h_0}$$ (6-61)

地基净反力对柱边Ⅱ－Ⅱ截面产生的弯矩：

$$M_{\mathrm{II}} = \frac{1}{48}(b-b_z)^2(2l+a_z)(p_{j\max} + p_{j\min})$$ (6-62)

平行短边方向的钢筋面积为

$$A_{s\mathrm{II}} = \frac{M_{\mathrm{II}}}{0.9 f_y h_0}$$ (6-63)

阶梯形基础变阶处截面配筋按上述方法计算。

【例 6-8】 某黏性土地基，土的重度 $\gamma = 17$ kN/m^3，孔隙比 $e = 0.7$，液性指数 $I_L = 0.78$，地基承载力特征值 $f_{ak} = 218$ kPa，现修建一外柱基础，柱截面尺寸为 300 mm×400 mm，作用在基础顶面处的相应于荷载效应标准组合上部结构传来的轴心荷载为 $F_k = 700$ kN，弯矩值为 $M_k = 80$ kN·m，水平荷载为 $H_k = 13$ kN，柱永久荷载起控制作用。基础埋置深度为 1.0 m，室内外高差为 0.3 m。试设计此柱下钢筋混凝土独立基础(图 6-36)。

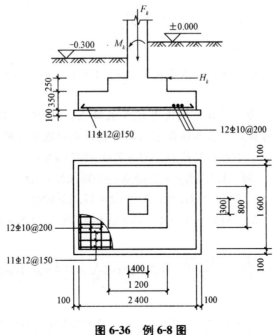

图 6-36　例 6-8 图

解: (1)基础底面尺寸。

假设基础宽度小于 3 m，同时根据经验初步拟定基础高度为 0.6 m。

因持力层为孔隙比和液性指数均小于 0.85 的黏性土，故承载力修正系数 $\eta_d=1.6$，则修正后的地基承载力特征值为：

$$f_a=f_{ak}+\eta_b\gamma(b-3)+\eta_d\gamma_m(d-0.5)=218+1.6\times17\times(1.0-0.5)=231.6(\text{kPa})$$

基础埋置深度平均值：

$$\bar{d}=d+\frac{1}{2}\Delta=1.0+\frac{1}{2}\times0.3=1.15(\text{m})$$

基础底面面积：

$$A\geqslant\frac{F_k}{f_a-\gamma_G\bar{d}}=\frac{700}{231.6-20\times1.15}=3.36(\text{m}^2)$$

由于偏心荷载不大，基础底面面积初步增大 10%，于是 $A=1.1\times3.36=3.70(\text{m}^2)$。
取 $n=l/b=1.5$，则：

$$b=\sqrt{\frac{A}{1.5}}=\sqrt{\frac{3.70}{1.5}}=1.57(\text{m})$$

取 $b=1.6$ m，$l=1.5b=2.4$ m。

验算地基承载力：

基底处总竖向压力：

$$F_k+G_k=F_k+\gamma_G A\bar{d}=700+20\times1.6\times2.4\times1.15=788.32(\text{kN})$$

基底处总弯矩：

$$M_{k总}=M_k+H_k h=80+13\times0.6=87.8(\text{kN}\cdot\text{m})$$

偏心距：

$$e_k=\frac{M_{k总}}{F_k+G_k}=\frac{87.8}{788.32}=0.11(\text{m})<\frac{l}{6}=\frac{2.4}{6}=0.4(\text{m})$$

$$P_{k\max}=\frac{F_k+G_k}{A}\left(1+\frac{6e_k}{l}\right)=\frac{788.32}{1.6\times2.4}\times\left(1+\frac{6\times0.11}{2.4}\right)$$

$$=261.75(\text{kPa})\leqslant1.2f_a=1.2\times231.6=277.92(\text{kPa})$$

满足地基承载力要求，因此，该基础底面尺寸为 $b=1.6$ m，$l=2.4$ m。

(2)基础高度验算。

已初步拟定基础高度为 0.6 m，现选用 C25 混凝土、HRB335 级钢筋。因为柱永久荷载起控制作用，因此，荷载效应基本组合可以取荷载效应标准组合的 1.35 倍，即

$$F=1.35F_k=1.35\times700=945(\text{kN})$$

$$M=1.35M_k=1.35\times80=108(\text{kN}\cdot\text{m})$$

$$H=1.35H_k=1.35\times13=17.55(\text{kN})$$

$$M_{总}=M+Hh=108+17.55\times0.6=118.53(\text{kN}\cdot\text{m})$$

偏心距：

$$e_0=\frac{M_{总}}{F}=\frac{118.53}{945}=0.13(\text{m})<\frac{l}{6}=\frac{2.4}{6}=0.4(\text{m})$$

地基净反力：

$$\begin{aligned}p_{j\max}\\p_{j\min}\end{aligned}=\frac{F}{lb}\left(1\pm\frac{6e_0}{l}\right)=\frac{945}{2.4\times1.6}\times\left(1\pm\frac{6\times0.13}{2.4}\right)=\begin{aligned}326.07(\text{kPa})\\166.11(\text{kPa})\end{aligned}$$

基础高度 $h=600$ mm，需要做成二阶阶梯形基础，下阶高度 $h_1=350$ mm，上阶高度 $h_2=250$ mm。取变阶处台阶平面尺寸 $b_{z1} \times a_{z1}=0.8$ m$\times 1.2$ m。

①柱对基础冲切：

此时 $a_t=a_z=0.4$ m，$b_t=b_z=0.3$ m，$h_0=h-40=600-40=560$(mm)。

因 $b=1.6$ m$\geqslant b_t+2h_0=0.3+2\times0.56=1.42$(m)

$$A_l=\left(\frac{l}{2}-\frac{a_t}{2}-h_0\right)b-\left(\frac{b}{2}-\frac{b_t}{2}-h_0\right)^2$$

$$=\left(\frac{2.4}{2}-\frac{0.4}{2}-0.56\right)\times1.6-\left(\frac{1.6}{2}-\frac{0.3}{2}-0.56\right)^2=0.695\,9(\text{m}^2)$$

$$F_l=p_{jmax}A_l=326.07\times0.695\,9=226.91(\text{kN})$$

$$a_m=b_t+h_0=0.3+0.56=0.86(\text{m})$$

$0.7\beta_{hp}f_t a_m h_0=0.7\times1.0\times1.27\times0.86\times0.56\times10^3=428.14(\text{kN})>F_l=226.91$ kN

柱边基础高度满足要求。

②变阶处与基础冲切：

此时 $a_t=a_{z1}=1.2$ m，$b_t=b_{z1}=0.8$ m，$h_{01}=h_1-40=350-40=310$(mm)。

因 $b=1.6$ m$\geqslant b_t+2h_{01}=0.8+2\times0.31=1.42$(m)

$$A_l=\left(\frac{l}{2}-\frac{a_t}{2}-h_0\right)b-\left(\frac{b}{2}-\frac{b_t}{2}-h_0\right)^2$$

$$=\left(\frac{2.4}{2}-\frac{1.2}{2}-0.31\right)\times1.6-\left(\frac{1.6}{2}-\frac{0.8}{2}-0.31\right)^2=0.455\,9(\text{m}^2)$$

$$F_l=p_{jmax}A_l=326.07\times0.455\,9=148.66(\text{kN})$$

$$a_m=b_t+h_0=0.8+0.31=1.11(\text{m})$$

$0.7\beta_{hp}f_t a_m h_0=0.7\times1.0\times1.27\times1.11\times0.31\times10^3=305.90(\text{kN})>F_l=148.66$ kN

变阶处基础高度满足要求。

(3)基础底板配筋。

①计算基础长边方向，Ⅰ—Ⅰ截面：

柱边Ⅰ—Ⅰ截面处的基底净反力值为

$$p_{j1}=p_{jmin}+\frac{l+a_z}{2l}(p_{jmax}-p_{jmin})$$

$$=166.11+\frac{2.4+0.4}{2\times2.4}\times(326.07-166.11)$$

$$=259.42(\text{kPa})$$

地基净反力对柱边Ⅰ—Ⅰ截面产生的弯矩：

$$M_{\text{I}}=\frac{1}{48}(l-a_z)^2(2b+b_z)(p_{jmax}+p_{j1})$$

$$=\frac{1}{48}\times(2.4-0.4)^2\times(2\times1.6+0.3)\times(326.07+259.42)$$

$$=170.77(\text{kN}\cdot\text{m})$$

平行于长边方向的受力钢筋面积按下式计算：

$$A_{s\text{I}}=\frac{M_{\text{I}}}{0.9f_y h_0}=\frac{170.77\times10^6}{0.9\times300\times560}=1\,129.43(\text{mm}^2)$$

上阶底边Ⅲ—Ⅲ截面处的基底净反力值为

$$p_{j\text{III}} = p_{j\min} + \frac{l + a_{z1}}{2l}(p_{j\max} - p_{j\min})$$

$$= 166.11 + \frac{2.4 + 1.2}{2 \times 2.4} \times (326.07 - 166.11)$$

$$= 286.08(\text{kPa})$$

地基净反力对上阶底边Ⅲ—Ⅲ截面产生的弯矩：

$$M_{\text{III}} = \frac{1}{48}(l - a_{z1})^2(2b + b_{z1})(p_{j\max} + p_{j\text{III}})$$

$$= \frac{1}{48} \times (2.4 - 1.2)^2 \times (2 \times 1.6 + 0.8) \times (326.07 + 286.08)$$

$$= 73.46(\text{kN} \cdot \text{m})$$

平行于长边方向的受力钢筋面积按下式计算：

$$A_{s\text{III}} = \frac{M_{\text{III}}}{0.9 f_y h_{01}} = \frac{73.46 \times 10^6}{0.9 \times 300 \times 310} = 877.66(\text{mm}^2)$$

比较 $A_{s\text{I}}$ 和 $A_{s\text{III}}$，应按 $A_{s\text{I}}$ 配筋，平行于长边方向实配钢筋 $11\Phi12@150$（$A_s = 1\ 244.1\ \text{mm}^2$）。

②计算基础短边方向，Ⅰ—Ⅰ截面：

地基净反力对柱边Ⅱ—Ⅱ截面产生的弯矩：

$$M_{\text{II}} = \frac{1}{48}(b - b_z)^2(2l + a_z)(p_{j\max} + p_{j\min})$$

$$= \frac{1}{48} \times (1.6 - 0.3)^2 \times (2 \times 2.4 + 0.4) \times (326.07 + 166.11)$$

$$= 90.11(\text{kN} \cdot \text{m})$$

平行短边方向的钢筋面积为：

$$A_{s\text{II}} = \frac{M_{\text{II}}}{0.9 f_y h_0} = \frac{90.11 \times 10^6}{0.9 \times 300 \times 560} = 595.97(\text{mm}^2)$$

地基净反力对上阶底边Ⅳ—Ⅳ截面产生的弯矩：

$$M_{\text{IV}} = \frac{1}{48}(b - b_{z1})^2(2l + a_{z1})(p_{j\max} + p_{j\min})$$

$$= \frac{1}{48} \times (1.6 - 0.8)^2 \times (2 \times 2.4 + 1.2) \times (326.07 + 166.11)$$

$$= 39.37(\text{kN} \cdot \text{m})$$

平行于短边方向的受力钢筋面积按下式计算：

$$A_{s\text{IV}} = \frac{M_{\text{IV}}}{0.9 f_y h_{01}} = \frac{39.37 \times 10^6}{0.9 \times 300 \times 310} = 470.37(\text{mm}^2)$$

比较 $A_{s\text{II}}$ 和 $A_{s\text{IV}}$，应按 $A_{s\text{II}}$ 配筋，平行于短边方向实配钢筋 $12\Phi10@200$（$A_s = 942\ \text{mm}^2$）。

第八节　减轻不均匀沉降的措施

地基基础设计只是建筑物设计的一部分，因此，地基基础设计应从建筑物整体考虑，以确保安全。从地基变形方面来说，如果其估算结果超过允许值，或者根据当地经验预计不均匀沉降、均匀沉降过大，则应采取措施，以防止或减少地基沉降的危害。

不均匀沉降常引起砌体承重构件开裂，尤其是墙体窗口门洞的角位处。裂缝的位置和方向与不均匀沉降的状况有关。图 6-37 表示不均匀沉降引起墙体开裂的一般规律，即斜裂缝上部对应下来的基础或基础的一部分沉降较大。如果墙体中间部分的沉降比两端大，则墙体两端的斜裂缝将呈八字形，有时（墙体过长）还在墙体中部下方出现近乎竖直的裂缝；如果墙体两端的沉降大，则斜裂缝将呈倒八字形。当建筑物各部分的荷载或高度差别较大时，重、高部分的沉降也常较大，并导致轻、低部分产生斜裂缝。

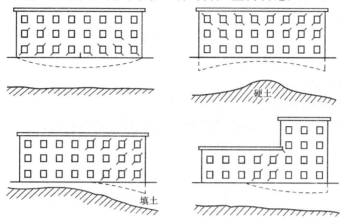

图 6-37　不均匀沉降引起砖墙开裂

对框架等超静定结构来说，各柱沉降差必将在梁柱等构件中产生附加内力。当这些附加内力和设计荷载作用下的内力超过构件承载能力时，梁、柱端和楼板将出现裂缝。

防止和减轻不均匀沉降的危害，是设计部门和施工单位都要认真考虑的问题。如工程地质勘察资料或基坑开挖查验表明不均匀沉降可能较大时，应考虑更改设计或采取有效办法处理。常用的方法如下：

(1)对地基某一深度内或局部进行人工处理。

(2)采用桩基础或其他基础方案。

(3)在建筑设计、结构设计和施工方面采取某些措施。

一、建筑措施

(一)建筑物形体应力求简单

建筑物的形体可通过其立面和平面表示。建筑物的立面不宜高差悬殊，因为在高度突变的部位，常由于荷载轻重不一而产生超过允许值的不均匀沉降。如果建筑物需要高低错落，则应在结构上认真配合。平面形状复杂的建筑物，由于基础密集，产生相邻荷载影响而使局部沉降量增加。如果建筑在平面上转折、弯曲太多，则其整体性和抵抗变形的能力将受到影响。

(二)控制建筑物的长高比

建筑物在平面上的长度 L 和从基础底面起算的高度 H_f 之比，称为建筑物的长高比。它是决定砌体结构房屋刚度的一个主要因素。L/H_f 越小，建筑物的刚度越好，调整地基不均匀沉降的能力就越大。对 3 层和 3 层以上的房屋，L/H_f 宜小于或等于 2.5；当房屋的长高比满足 $2.5 < L/H_f \leqslant 3.0$ 时，应尽量做到纵墙不转折或少转折，其内墙间距不宜过大，且与纵墙之间的连接应牢靠；同时，纵墙开洞不宜过大。必要时，还应增强基础的刚度和强度。当房屋的预估计最大沉降量少于或等于 120 mm 时，在一般情况下，砌体结构的长

高比可不受限制。

（三）设置沉降缝

沉降缝将建筑物从基础底面直至屋盖分开成各自独立单元。每个单元一般应形体简单、长高比较小以及地基比较均匀。沉降缝一般设置在建筑物的下列部位：

(1)建筑物平面的转折处。

(2)建筑物高度或荷载差异变化处。

(3)长高比不合要求的砌体结构以及钢筋混凝土框架结构的适当部位。

(4)地基土的压缩性有显著变化处。

(5)建筑结构或基础类型不同处。

(6)分期建造房屋的交接处。

沉降缝应有足够的宽度，以防止缝两侧的结构相向倾斜而互相挤压。缝内一般不得填塞材料(寒冷地区需填松软材料)。沉降缝的常用宽度为：2、3层房屋50～80 mm，4、5层房屋80～120 mm，5层以上房屋大于120 mm。沉降缝处的构造如图6-38所示。

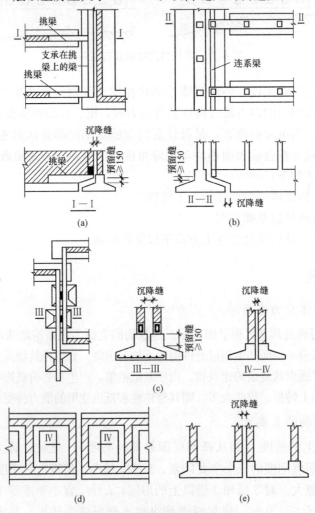

图6-38　沉降缝构造示意图

(a)混合结构沉降缝；(b)柱下条形基础沉降缝；(c)跨越式沉降缝；
(d)偏心基础沉降缝；(e)整片基础沉降缝

（四）建筑物之间应有一定距离

作用在地基上的荷载，会使土中一定宽度和深度的范围内产生附加应力，同时也使地基发生变形。在此范围外，荷载对邻近建筑没有影响。同期建造的两相邻建筑，或在原有房屋邻近新建重的建筑物，如果距离太近，就会由于相邻的影响产生不均匀沉降，造成建筑物倾斜和开裂。

（五）调整建筑标高

建筑物的长期沉降，将改变使用期间各建筑单元、地下管道和工业设备等部分的原有标高，这时可采取下列措施进行调整：

（1）根据预估的沉降量，适当提高室内地面和地下设施的标高。

（2）将互有联系的建筑物各部分中沉降较大者的标高提高。

（3）建筑物与设备之间，应留有足够的净空。当有管道穿过建筑物时，应预留足够大小的孔洞或采用柔性的管道接头。

二、结构措施

（一）减轻建筑物自重

建筑物的自重在基底压力中占有很大比例。在工业建筑中估计占 50%，在民用建筑中可高达 60%～70%，因而减少沉降量常可以从减轻建筑物自重着手：

（1）采用轻质材料，如采用空心砖墙或其他轻质墙等。

（2）选用轻型结构，如预应力混凝土结构、轻型钢结构以及各种轻型空间结构。

（3）减轻基础及以上回填土的重量，选用自重轻、覆土较少的基础形式，如浅埋的宽基础和半地下室、地下室基础，或者室内地面架空。

（二）设置圈梁和钢筋混凝土构造柱

圈梁的作用在于提高砌体结构抵抗弯曲的能力，即增强建筑物的抗弯刚度。它是防止砖墙出现裂缝和阻止裂缝开展的一项有效措施。当建筑物产生碟形沉降时，墙体产生正向弯曲，下层的圈梁将起作用；反之，墙体产生反向弯曲时，上层的圈梁起作用。

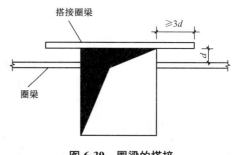

图 6-39　圈梁的搭接

圈梁必须与砌体结合成整体，每道圈梁要贯通全部外墙、承重内纵墙及主要内横墙，即在平面上形成封闭系统。当无法连通（如某些楼梯间的窗洞处）时，应按图 6-39 所示的要求利用附加圈梁进行搭接。必要时，洞口上、下的钢筋混凝土附加圈梁可和两侧的小柱形成小框。

圈梁的截面难以进行计算，一般均按构造考虑（图 6-40）。采用钢筋混凝土圈梁时，混凝土强度等级宜采用 C20，宽度与墙厚相同，高度不小于 120 mm，上、下各配 2 根直径在 8 mm 以上的纵筋。箍筋间距不大于 300 mm。采用钢筋砖圈梁时，位于圈梁处的 4～6 皮砖用 M5 砂浆砌筑，上、下各配 3 根直径为 6 mm 的钢筋，钢筋间距不小于 120 mm。

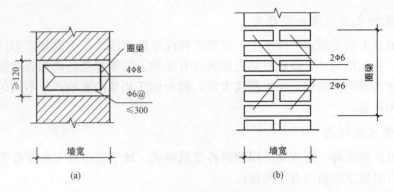

图 6-40　圈梁截面

(a)钢筋混凝土圈梁；(b)钢筋砖圈梁

(三)减小或调整基础底面的附加压力

采用较大的基础底面面积，减小基底附加应力，一般可以减小沉降量。但是，在建筑物不同部位，由于荷载大小不同，若使基底压力相同，则荷载大的基础底面尺寸也大，沉降量必然也大。为了减小沉降差异，荷载大的基础宜采用较大的基础底面面积，以减小该处的基底压力。对于图 6-41(a)所示的情况，通常难以采取增大框架柱基础底面面积的方法，来减小其与廊柱基础之间的沉降差。在这种情况下，可将门廊和框架结构分离，或将门廊改用悬挑结构。对于图 6-41(b)所示的情况，可增加墙下条形基础的宽度。

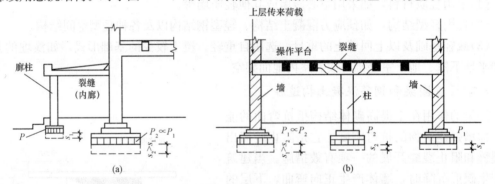

图 6-41　基础尺寸不妥引起的事故

(a)门廊；(b)柱基础与墙基础

(四)设置连系梁

钢筋混凝土框架结构对不均匀沉降很敏感，很小的沉降差异就足以引起较大的附加应力。对于采用单独柱基的框架结构，在基础之间设计连系梁是加大结构刚度、减少不均匀沉降的有效措施之一。连系梁底面一般置于基础顶面(或略高些)，过高则作用下降，过低则施工不便。连系梁的截面可取柱距的 $1/14\sim1/8$，上下均匀通长配筋，每侧配筋率为 $0.4\%\sim1.0\%$。

(五)采用联合基础或连续基础

采用二柱联合基础或条形基础、十字交叉基础、筏形基础、箱形基础等连续基础，可增大支承面积，以减小不均匀沉降。

建造在软弱地基土上的砌体承重结构，宜采用刚度较大的钢筋混凝土基础。

（六）使用能适应不均匀沉降的结构

排架等铰接结构，在支座产生相对变形的结构内力的变化甚小，故可以避免不均匀沉降的危害，但必须注意所产生的不均匀沉降是否将影响建筑物的使用。

油罐、水池等做成柔性结构，基础也常采用柔性地板，以顺从、适应不均匀沉降。这时，在管道连接处应采取某些相应的措施。

三、施工措施

在软弱地基上开挖基坑和修造基础时，应合理安排施工顺序，注意采用合理的施工方法，以确保工程质量和减小不均匀沉降的危害。

对于高低、轻重悬殊的建筑部位，在施工进度和条件许可的情况下，一般应按照先重后轻、先高后低的程序进行施工，或在高重部位竣工，并间歇一段时间后再修建轻低部位。

对于具有地下室和裙房的高层建筑，为减小高层部分与裙房间的不均匀沉降，在施工时应采用施工后浇带断开，待高层部分主体结构完成时，再连接成整体。如采用桩基，可根据沉降情况，在高层部分主体结构未全部完成时连接成整体。

在软弱地基上开挖基坑修建地下室和基础时，应特别注意基坑坑壁的稳定和基坑的整体稳定。

软弱基坑的土方开挖，可采用挖土机具进行作业，但应尽量防止扰动坑底土的原装结构。通常，坑底至少应保留 200 mm 以上的原土层，待施工垫层时用人工挖法。如果发现坑底软土已被扰动，则应挖去被扰动的土层，用砂回填处理。

在软土基坑范围内或附近地带，如有锤击作业，应在基坑工程开始前至少半个月，先行完成桩基施工任务。

在进行降低地下水水位作业的现场，应密切注意降水对邻近建筑物可能产生的不利影响，特别应防止流土现象发生。

应尽量避免在新建基础、新建建筑物侧边堆放大量土方、建筑材料等地面荷载，以防止基础产生附加沉降。

➤ 本章小结

地基基础设计是建筑物结构设计的重要组成部分。基础的形式和布置要合理地配合上部结构的设计，满足建筑物整体的要求，同时要做到便于施工、降低造价。天然地基上结构比较简单的浅基础最为经济，如能满足要求，宜优先选用。

无筋扩展基础可用于 6 层和 6 层以下（三合土基础不宜超过 4 层）的民用建筑和墙承重的厂房。此类基础抗拉强度和抗剪强度较低，因此，必须控制基础内的拉应力和剪应力，这一般由基础台阶的高宽比控制。

扩展基础的底面向外扩展，基础外伸的宽度大于基础高度，基础材料承受拉应力。因此，扩展基础必须采用钢筋混凝土材料。扩展基础适用于上部结构荷载较大，有时为偏心荷载或承受弯矩和水平荷载的建筑物的基础。当地基表层土质较好、下层土质较差时，利用表层好土质浅埋，最适合采用扩展基础。扩展基础可分为柱下钢筋混凝土独立基础和墙下钢筋混凝土条形基础两类。

扩展基础的截面设计包括基础底板厚度和基础底板配筋计算，同时满足相应的构造要求。

地基基础设计应从建筑物整体考虑，如果其估算结果超过允许值，或者根据当地经验预计不均匀沉降、均匀沉降过大，则应采取措施，以防止或减少地基沉降带来的危害。

思考与练习

1. 天然地基上的浅基础有哪些类型？

2. 什么是基础埋置深度？影响基础埋置深度的因素有哪些？

3. 确定地基承载力有哪些方法？

4. 什么是无筋扩展基础？如何设计无筋扩展基础？

5. 为什么要验算地基软弱下卧层的强度？具体要求有哪些？

6. 扩展基础设计时有哪些构造要求？

7. 减轻不均匀沉降的措施有哪些？

8. 已知一墙体厚度为 240 mm 的砖承重墙，承受上部结构传至基础顶面轴向荷载标准值 $F_k=180$ kN/m，基础埋置深度 $d=1.0$ m，地基土分为三层：第一层为素填土，厚度为 1.0 m，重度 $\gamma_1=17$ kN/m³，地基承载力特征值 $f_{ak1}=90$ kPa；第二层为粉质黏土，厚度为 3.5 m，重度 $\gamma_2=19$ kN/m³，地基承载力特征值 $f_{ak2}=150$ kPa，压缩模量 $E_{s2}=5.1$ MPa，液性指数 $I_L=0.85$，孔隙比 $e=0.81$；第三层为淤泥质粉质黏土，厚度为 4.0 m，重度 $\gamma_3=15.5$ kN/m³，地基承载力特征值 $f_{ak3}=80$ kPa，压缩模量 $E_{s3}=1.7$ MPa。

要求：(1)确定该墙下条形基础的宽度。

(2)验算软弱下卧层。

(3)该基础采用无筋扩展基础，试设计此无筋扩展基础。

9. 某住宅楼砖墙承重，墙厚度为 0.24 m，相应于荷载效应标准组合时，作用基础顶面上的荷载 $F_k=200$ kN/m(永久荷载起控制作用)，拟采用墙下钢筋混凝土条形基础，基础埋置深度 $d=1.0$ m，基础材料采用强度等级为 C20 的混凝土，HPB300 级钢筋。地基为黏土，重度 $\gamma=18$ kN/m³，地基承载力特征值 $f_{ak}=150$ kPa，液性指数 $I_L=0.86$，孔隙比 $e=0.75$。

要求：(1)确定该墙下钢筋混凝土条形基础的宽度。

(2)确定该墙下钢筋混凝土条形基础的底板厚度及配筋。

10. 某黏性土地基，土的重度 $\gamma=18$ kN/m³，孔隙比 $e=0.7$，液性指数 $I_L=0.78$，地基承载力特征值 $f_{ak}=180$ kPa，现修建一外柱基础，柱截面尺寸为 350 mm×350 mm，作用在基础顶面处的相应于荷载效应标准组合上部结构传来的轴心荷载 $F_k=540$ kN，弯矩值 $M_k=100$ kN·m，水平荷载 $H_k=20$ kN，柱永久荷载起控制作用。基础埋置深度为 1.5 m。拟采用柱下钢筋混凝土独立基础，基础材料采用强度等级为 C25 的混凝土、HRB335 级钢筋。

要求：(1)确定该柱下钢筋混凝土独立基础的尺寸。

(2)确定该柱下钢筋混凝土独立基础的底板厚度及配筋。

第七章　桩基础

第一节　概　述

桩基础是一种古老的基础形式，我国一些古建筑中就多有应用。它成功地解决了软土及复杂地基条件的建筑地基基础设计与施工问题。当天然地基软弱土层较厚、荷载较大，采用浅基础不能满足强度、变形及稳定性要求时，常采用桩基础。

桩基础由设置于岩土中的桩和连接于桩顶的承台组成，按桩基础承台的位置不同，可分为低承台桩基础和高承台桩基础两种(图 7-1)。低承台桩基础是指承台埋设于室外设计地坪以下的桩基础[图 7-1(a)]，工业与民用建筑中的桩基础几乎均为低承台桩基础；高承台桩基础是指承台埋设于室外设计地坪以上的桩基础[图 7-1(b)]，高承台桩基础一般仅在江河湖海中的水工建筑或者岸边的港工建筑中采用。

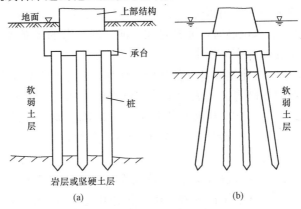

图 7-1　桩基础
(a)低承台桩基础；(b)高承台桩基础

一、桩基础的特点与适用范围

(一)桩基础的特点

桩基础承台直接承受上部结构的各种作用，并且利用其刚度将上部结构的作用传至下部的一根或者多根桩以及承台底面下的土体。桩在使用期间的受力状态属于受压。桩基础的主要功能是将荷载传至地下较深处的密实土层，以满足承载力和沉降要求。因而，桩基础具有承载力高、沉降速率慢、沉降量较小且均匀等特点，能承受较大的竖向荷载、水平荷载、上拔力以及动力作用。在建筑结构荷载的传递过程中，上部结构、桩基础和地基土体之间相互作用，共同工作。另外，桩基础施工的土石方工程量较小，施工机械化和工厂化程度较高，综合造价较低。

根据基础埋置深度和施工方法的不同，建筑物基础可分为浅基础和深基础，桩基础是一种深基础。桩基础的施工需要开挖承台埋置深度以内的基坑（槽），施工要先用桩机施工机械和相应施工工艺在岩土中成桩，再在桩顶浇筑钢筋混凝土承台。承台的刚度较大，在沉降过程中可以有效地协调群桩中桩与桩之间的荷载分配，因此桩基础沉降均匀。在桩基础的地基承载力计算以及地基变形验算中，不仅要考虑承台底面以下浅层地基土层的工程性质，而且还应考虑桩侧以及桩端以下深层地基土层的承载力和工程性质。

（二）桩基础的适用范围

（1）建筑场地的浅层土软弱并且深厚，天然地基上的浅基础或者人工地基不能满足地基设计且不经济。当地基浅层土软弱、深层土坚实时，最适宜采用桩基础。例如，江河漫滩的建筑场地，一般地基浅层均有深厚的软土。

（2）作用在软土地基上的使用荷载不便于控制加荷速度的构筑物，如筒仓、油罐、水池、水塔等。由于软土地基的土体含水量很大，土颗粒微小、细密，倘若突加很大的荷载，则软土中的孔隙水压力突增，但是消散得非常缓慢，地基将会发生整体剪切破坏。

（3）建筑场地土层厚度分布不均或者软硬不均，浅基础无法满足地基强度、变形的要求。天然土体的沉积经历了漫长的地质年代，不同地质条件沉积的地层在成因、土的类别、软硬或者密实程度、堆积厚度等方面有很大的差异。尤其是地基存在局部坚实土层或者软弱尖灭层的情况，使地基土层的强度和压缩性在平面分布上存在很大反差，采用天然地基上的浅基础将会产生较大的不均匀沉降。

（4）建筑场地的地下水水位高时，尤其是江、河、湖、海的漫滩或者岸边，施工降水困难，而且不能满足地基强度和变形要求。

（5）对沉降有较高要求的建筑或者设备基础。例如，对不均匀沉降敏感的框架结构、二铰拱结构以及精密设备的基础等。过大的不均匀沉降将会影响上部建筑的使用功能，严重的将会造成上部结构破坏。例如，排架结构相邻柱子基础之间过大的不均匀沉降，严重者将会造成桥式吊车卡轨而无法运行；框架结构相邻柱子基础之间过大的不均匀沉降，严重的将造成上部梁柱节点开裂。

（6）高层建筑物或者高耸构筑物，其受力特点除竖向荷载较大外，水平荷载对建筑结构的内力和稳定影响也很大。若采用桩基础，则土体作用于桩基础的被动土压力能有效地抵抗结构所承受的水平荷载；桩的抗拔承载力和作用于承台的被动土压力，可以有效地抵抗水平荷载产生的倾覆力矩。

（7）重级工作制的工业厂房，吊车起重量大、使用运行频繁、设备基础密集，加之地面堆载，将会造成地基变形过大。

（8）地震或者机械振动对建筑结构影响最大的是饱和细粉砂地基。强烈连续振动使饱和的细粉砂地基产生积蓄很大的孔隙水压力，这种超静水压力将会部分甚至全部抵消细粉砂土颗粒之间的有效重力，使其处于悬浮状态，使地基顷刻丧失承载力，这种现象被称为砂土液化。1976年唐山大地震之所以造成了重大的人身伤亡和财产损失，就是因为唐山市的地质条件为饱和细粉砂地基。

二、桩的分类

为全面认识桩基础，按照不同的标准对建筑基桩进行分类，以便在桩基础设计与施工中根据不同的条件和要求，选择不同的桩型和成桩工艺。

（一）按桩的承载性状分类

1. 摩擦型桩

摩擦型桩，是指桩顶竖向荷载主要或者全部由桩侧阻力承受的桩。其中，桩顶极限荷载绝大部分由桩侧阻力承受，桩端阻力很小、可忽略不计的桩称为摩擦桩[图 7-2(a)]；桩顶极限荷载由桩侧阻力和桩端阻力共同承受，桩侧阻力分担的荷载大于桩端阻力的桩，称为端承摩擦桩[图 7-2(b)]。

2. 端承型桩

端承型桩，是指桩顶竖向荷载主要或者全部由桩端阻力承受的桩。其中，桩顶极限荷载绝大部分由桩端阻力承受，桩侧阻力很小、可忽略不计的桩，称为端承桩[图 7-2(c)]；桩顶极限荷载由桩侧阻力和桩端阻力共同承受，桩端阻力分担的荷载大于桩侧阻力的桩，称为摩擦端承桩[图 7-2(d)]。

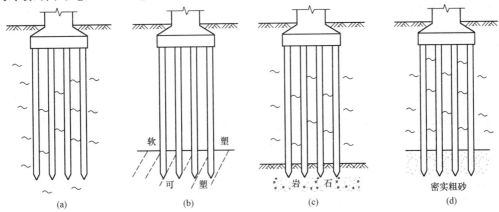

图 7-2　桩按承载性能分类

(a)摩擦桩；(b)端承摩擦桩；(c)端承桩；(d)摩擦端承桩

（二）按桩的使用功能分类

根据桩的抗力性能不同，可分为抗压桩、抗拔桩、抗水平荷载桩和抗复合荷载桩。

1. 抗压桩

抗压桩为主要承受竖向压力荷载的桩。工程中，多为抗压桩，设计应该进行桩基础的竖向地基承载力计算，必要时需要进行桩基础沉降验算。

2. 抗拔桩

抗拔桩为主要承受竖向上拔荷载的桩。工程中，多用于高层建筑在水平荷载作用下抵抗倾覆而设置于桩群外缘的桩，设计中应进行桩基础抗拔承载力计算和桩身强度以及抗裂度验算。

3. 抗水平荷载桩

抗水平荷载桩为主要承受水平荷载的桩。工程中，多用于高层建筑在水平荷载作用下抵抗水平滑移而设置的桩，设计中应进行桩基础的水平地基承载力计算和位移验算、桩身的抗剪和抗弯承载力计算以及抗裂度验算。

4. 抗复合荷载桩

抗复合荷载桩为承受竖向荷载和水平荷载均较大的桩。对高层建筑和工业厂房排架结构的桩基础的设计，要根据荷载组合的不同进行抗竖向荷载作用、抗水平荷载作用的计算和验算。

（三）按桩身材料分类

1. 混凝土桩

混凝土桩为工程中应用最多的桩，可以分为普通混凝土桩和预应力混凝土桩。普通混凝土桩的抗压、抗弯和抗剪强度均较高，对桩身根据施工阶段和使用阶段的受力特点进行配筋计算。预应力混凝土桩的最大特点是，可以增强桩身强度抵抗施工阶段和使用阶段的抗裂性能。同时，充分地利用了高强度钢筋的强度，减少了配筋，节约钢筋。

2. 钢桩

钢桩主要是以钢管、宽翼工字钢为桩材，钢轨也有少量应用。钢桩的强度高，施工进度快，但是抗锈蚀性差、成本高，目前仅应用于重点工程。例如，宝钢工程项目即应用了60 m长的钢桩。

3. 组合材料桩

组合材料桩是用两种材料组合的桩，采用钢管中浇灌混凝土或者下部为混凝土上部为钢管等组合形式，目前工程中采用不多。

（四）按成桩工艺分类

根据桩孔是否挤土，桩可划分为挤土桩、非挤土桩和部分挤土桩。成桩挤土效应对成桩质量、桩的地基承载力和环境影响很大，因此，正确地选择施工方法和成桩工艺十分重要。

1. 挤土桩

挤土桩是指施工成桩过程中桩周土体被挤开而产生挤土效应。如打入、振入或者静压预制桩、沉管灌注桩皆为挤土桩。在非饱和的松散土层中采用挤土桩，沉桩挤土使桩侧土体在水平方向挤密，起到了加固地基的作用，其桩侧摩阻力明显高于非挤土桩。在饱和的软土层中采用挤土桩，软土的灵敏度高，施工成桩过程的振动将破坏土的天然结构，施工成桩以后还可能因为饱和软土中的孔隙水压力消散，使土层产生再固结，对桩产生负摩阻力作用，从而降低桩的地基承载力，增大了桩基的沉降。沉管灌注桩施工若沉管顺序不当，挤土效应可能导致相邻已经施工的灌注桩断裂。成桩挤土效应可能使相邻已经施工完成的桩上涌，导致桩侧产生负摩阻力和平面位移。成桩挤土效应有时还会损坏邻近的原有建筑。

2. 非挤土桩

非挤土桩是指施工成桩过程中自桩孔内向外排土，桩身处土体排除的桩。灌注桩多为非挤土桩。在软土中干作业排土成孔要注意可能产生缩径，在疏松的砂土中干作业排土成孔要注意可能产生的塌孔，干作业排土扩底桩要注意保证扩底尺寸和清底，采用湿作业排土成孔要注意清孔，孔底沉渣厚度不得大于设计要求。

3. 部分挤土桩

部分挤土桩是指施工成桩过程中自桩孔内向外部分排土，桩身处土体部分挤向周边的桩。部分挤土桩一般是由于地层中存在较坚实的夹层，采用预制桩难以贯入，施工中为了达到沉桩设计深度，一般采取打入式敞口桩和预钻孔排土再沉桩。

（五）按桩身直径分类

按桩身直径大小，桩可分为小直径桩、中等直径桩和大直径桩。桩的直径大小直接影响桩的承载力、施工成桩方法和工艺。

1. 小直径桩

小直径桩是指桩径 $d \leqslant 250$ mm 的桩。小直径桩多用于基础加固(树根桩、锚杆托换桩)和复合桩基础。小直径桩的施工机械、施工方法较为简单。

2. 中等直径桩

中等直径桩是指 250 mm $< d \leqslant 800$ mm 的桩。中等直径桩在建筑桩基础中使用量最大，其成桩方法和工艺也较多。

3. 大直径桩

大直径桩是指 $d \geqslant 800$ mm 的桩。随着桩基础设计与施工技术的进步，近年来，大直径桩发展很快，在高重型建筑中的应用日益增多。大直径桩的特点是单桩承载力高，可以实现柱下单桩的基础形式。大直径桩的施工成孔根据地质条件不同，可以采用钻孔、冲孔和挖孔，混凝土浇筑时还可以考虑采用大直径空心灌注桩。需要注意的是，采用柱下单桩基础形式的建筑结构，一旦其中一根桩失效，便可能危及整幢建筑的安全，由此可以看出大直径桩勘察、设计和施工质量的重要性。在桩基础的工程地质详细勘察中，对于复杂的地质条件宜每桩设一勘探点。泥浆护壁转(冲)孔施工成桩要保证桩底沉渣清孔质量；挖孔扩底桩要保证扩底尺寸，并且孔底不得残留沉渣虚土，灌注混凝土前要对照地质资料查验孔底土质，灌注混凝土应每根桩预留 1 组试块，并且每浇筑台班不得少于 1 组试块。

(六)按桩的施工方法分类

按桩的施工方法不同桩可分为预制桩和灌注桩两种。

1. 预制桩

预制桩是指在工厂(或者现场)预制成桩以后再运到施工现场，在设计桩位处以沉桩机械沉至地基土中设计深度的桩。根据建筑场地的地质情况、桩的类型和施工环境等条件，施工可采用锤击沉桩法、振动沉桩法或静压沉桩法。预制桩的截面为实心方桩或者空心管桩，限于沉桩机械的功率，预制桩的截面边长 b 或者直径 d 为 $250 \sim 500$ mm；桩长 l 一般不小于 3 m；限于城市道路运输，每段的预制长度不宜超过 12 m；限于沉桩机械桩架的高度，每段的预制长度不超过 $25 \sim 30$ m；若设计桩长大于每段的预制长度，沉桩施工中采取逐段接桩方法，在前一段桩沉入地基土中以后，再以硫磺胶泥插筋锚接、钢板角钢焊接或法兰盘螺栓连接。

2. 灌注桩

灌注桩是指在现场设计桩位处的地基岩土层中以机械或者人工成孔至设计深度，再吊放钢筋骨架、浇捣混凝土的施工方法而制成的桩。灌注桩按照成孔以及排土是否需要泥浆，划分为干作业成孔和湿作业成孔；按照成孔工艺不同，又可以划分为钻(冲)孔排土成孔、沉管挤土成孔和人工挖孔成孔。

(1)钻(冲)孔排土灌注桩的桩径 d 为 $300 \sim 600$ mm，桩长 l 一般不超过 12 m，适用于地下水水位以上的黏性土、粉土、中等密实以上的砂土和风化岩层。

(2)沉管挤孔灌注桩的桩径 d 为 $300 \sim 500$ mm，桩长 l 一般不超过 25 m，适用于地下水水位以上或者以下的黏性土、粉土、淤泥质土、砂土以及填土。在厚度较大、灵敏度较高的淤泥和流塑状态的黏性土等软弱土层中采用时，应有可靠的质量保证措施。

(3)人工挖孔灌注桩的桩径(不含护壁) d 不小于 800 mm，桩长 l 一般不超过 40 m，适用于地下水水位以上的黏性土、粉土、中等密实以上的砂土和风化岩层。人工挖孔施工应有可靠的保护孔壁、谨防落物、强制送风等措施，尤其注意在地下水水位较高，含有承压水的砂土层、滞水层、厚度较大的淤泥或者淤泥质土层中施工时，必须有可靠的安全和技术措施。

（4）泥浆护壁钻孔灌注桩的桩径 d 不小于 500 mm，适用于地下水水位以上或者以下的各类岩土层，尤其适用于地下水水位以下的大直径灌注桩。

第二节　桩的竖向承载力

一、单桩竖向承载力

单桩竖向承载力是指单桩竖向极限承载力，即单桩在竖向荷载作用下到达破坏状态前或出现不适于继续承载的变形时，对应的最大荷载。

要分析和确定单桩竖向承载力，首先要了解单桩竖向荷载的传递情况。

（一）单桩竖向荷载的传递

桩在竖向荷载作用下，桩身首先受到压缩，然后产生向下的位移，在桩身横截面上产生轴向力。同时，由于桩身产生向下位移，桩周土在桩侧面产生向上的摩擦阻力，即侧阻力；随着荷载向下传递，桩端土产生向上的支承力，即端阻力。

由试验得出，单桩在竖向荷载作用下，桩身产生的轴力 $Q(z)$、桩侧摩阻力 $f(z)$ 和截面位移 $s(z)$ 与深度的关系曲线如图 7-3 所示。

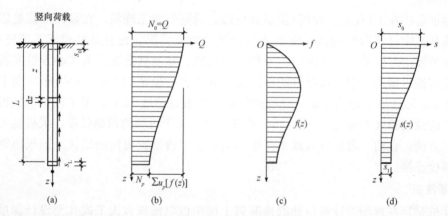

图 7-3　单桩轴向荷载的传递
(a)轴向受压的单桩；(b)轴力分布曲线；(c)摩阻力分布曲线；(d)截面位移曲线

研究表明，当竖向荷载施加于桩顶时，上部桩身首先被压缩而产生向下位移。同时，桩身侧面受到桩周土摩阻力的作用，也就是上部桩身的摩阻力首先发挥出来。

荷载继续向下传递，在传递过程中，荷载由沿桩身分布而逐渐发挥的桩侧阻力承担了一部分，因此，桩身轴力沿深度的增加而逐渐减小。

随着荷载的传递，桩身上部的桩侧摩阻力达到极限后，将保持不变或略有减小。这时，下部摩阻力就逐渐发挥，直到整个桩身的摩阻力全部达到极限 Q_s，继续增加的荷载则全部由桩端阻力来承担。当桩端阻力达到其极限值 Q_p，桩就即将进入破坏阶段。

应注意的是，桩侧摩阻力和桩端阻力不是同时发挥作用，也不是同时达到极限的。当桩身位移较小时，桩端阻力几乎为零，主要是桩侧摩阻力起作用。随着荷载的传递，桩身位移随之增大，桩端才产生位移，这时桩端阻力开始发挥作用，同时桩侧摩阻力相应增加。当达到摩阻力极限时，桩端阻力才明显发挥其作用。

(二)桩侧负摩阻力

桩周土作用在桩身侧面的摩阻力，其大小和方向对荷载传递和桩的承载力影响很大。通常情况下，在竖向荷载作用下，桩身相对于桩周土的位移是向下的，在桩身侧面就会产生向上的摩阻力(桩侧阻力)，它能承受外荷载的一部分或大部分。但是，由于某种原因，使桩周土的沉降量大于桩身的沉降量时，桩身相对于桩周土的位移则是向上的。这样，在桩侧就产生了向下的摩阻力，这就是桩侧负摩阻力。

桩侧负摩阻力是桩周土作用在桩侧向下的摩阻力，相当于增加了作用在桩上的外荷载，对桩的承载力产生极为不利的作用。

在下列情况下，一般会出现桩侧负摩阻力：

(1)桩穿越新近堆填的较厚松散填土、自重湿陷性黄土、欠固结土层，进入相对较硬土层时。

(2)桩周存在软弱土层，邻近桩侧地面承受局部较大的长期荷载或地面大面积堆载(包括填土)时。

(3)由于降低地下水水位，使桩周土中有效应力增大，并产生显著压缩沉降时。

在以上任一情况下，当桩周土层产生的沉降量超过群桩中单桩的沉降量时，应根据具体情况考虑桩侧负摩阻力对桩基承载力和沉降的不利影响。

二、单桩竖向承载力的确定

单桩竖向承载力取决于两个方面：一是取决于桩身的材料强度；二是取决于土对桩的支承力。如果土对桩的支承力大于桩身的材料强度，则桩的承载力由材料的最大受压强度来计算；反之，由土对桩的支承力来确定桩的承载力，这时材料的强度没有被充分利用。通常，只有支承在坚硬的岩层或土层上的端承桩和长细比很大的超长桩，才有可能由材料强度来确定单桩竖向承载力。

(一)根据桩身材料强度确定

按桩身材料强度计算单桩竖向承载力时，可将桩视为受压杆件。

桩受到周围土的约束作用，故桩周的侧阻力使桩身所承受的轴向荷载是随深度的加大而逐步递减的。因此，桩身受压承载力实际是由桩顶以下一定区段内的截面强度控制的。如在这区段内配置的箍筋间距足够密，箍筋的侧向约束已能保证纵筋有效参加承压，这时可以考虑纵向主筋的受压承载力。

桩身混凝土的受压承载力是桩身受压承载力的主要部分，但其强度和截面变异受成桩工艺的影响。通常用成桩工艺系数 φ_c 来表示成桩环境、质量可控度不同的影响。

当桩顶以下 $5d$ 范围的桩身螺旋式箍筋间距不大于 100 mm 时：

$$R_a = \varphi_c f_c A_{ps} + 0.9 f'_y A'_s \tag{7-1}$$

式中　φ_c——基桩成桩工艺系数，混凝土预制桩、预应力混凝土空心桩取 0.85，干作业非挤土灌注桩取 0.90，泥浆护壁和套管护壁非挤土灌注桩、部分挤土灌注桩、挤土灌注桩取 0.7~0.8，软土地区挤土灌注桩取 0.6；

f_c——混凝土轴心抗压强度设计值；

A_{ps}——桩截面面积；

f'_y——纵向主筋抗压强度设计值；

A'_s——纵向主筋截面面积。

(二)按静载荷试验确定

静载荷试验是评价单桩承载力各种方法中可靠性较高的一种方法。

对于打入式试验桩，由于打桩过程将引起桩周土孔隙水压力的增加和土的扰动，为使孔隙水压力消散和受扰动土的强度得到部分恢复，挤土桩设置后隔一段时间才能进行试验。为使试验能反映真实的承载力，一般间隔时间是：对于预制桩，打入砂土中不宜少于7天；黏性土不得少于15天；对于饱和软黏土，不得少于25天。对于灌注桩，应在桩身混凝土达到设计强度后才能进行。

在同一条件下，进行静载荷试验的桩数不宜少于总桩数的1‰且不应少于3根。

1. 试验装置

试验装置主要由加载系统和量测系统组成。图7-4所示为单桩静载荷试验装置示意图。加载系统由千斤顶及其反力系统组成。后者包括主梁、次梁及锚桩，锚桩数量不能少于4根，并应对试验过程中的锚桩上拔量进行监测。加载系统也可以采用压重平台反力装置或锚板压重联合反力装置。采用压重平台时，要求压重量必须大于预估最大试验荷载的1.2倍，且压重应在试验开始前一次加上，并均匀、稳固地放置于平台上。量测系统主要由千斤顶上的应力环、应变式压力传感器(测荷载大小)及百分表或电子位移计(测试桩沉降)等组成。荷载大小也可采用连接于千斤顶的压力表测定油压，再根据千斤顶测定曲线换算得到。为准确测量桩的沉降，消除相互干扰，要求有基准系统(由基准桩、基准梁组成)，且保证在试桩、锚桩(或压重平台支墩)和基准桩相互之间有足够的距离，一般应不小于4倍的桩直径(对压重平台反力装置应大于2 m)。

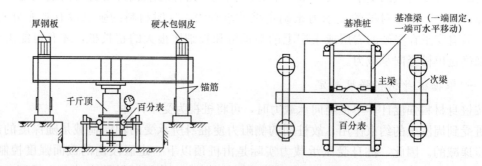

图7-4 单桩静载荷试验装置示意图

2. 试验方法

一般采用逐级加载，每级荷载达到相对稳定后测读其沉降，再加下一级荷载，直到破坏。为了保证测试结果(Q-s曲线)的完整性，加荷分级不应小于8级，每级加载量宜为预估极限荷载的1/8～1/10。每级加载后，第5 min、10 min、15 min时各测读一次，以后每隔15 min读一次，累计1 h后每隔0.5 h读一次。在每级荷载作用下，桩的沉降量连续两次在每小时内小于0.1 mm时可视为稳定。符合下列条件之一时，可终止加载：

(1)荷载-沉降(Q-s)曲线上有可判定极限承载力的陡降段，且桩顶总沉降量超过 40 mm。

(2)$\dfrac{\Delta s_{n+1}}{\Delta s_n} \geqslant 2$ 且经 24 h 还未达到稳定(Δs_n 为第 n 级荷载的沉降增量，Δs_{n+1} 为第 $n+1$ 级荷载的沉降增量)。

(3)25 m 以上的非嵌岩桩，Q-s 曲线呈缓变形时，桩顶总沉降量大于 60～80 mm。

(4)在特殊条件下，可根据具体要求加载至桩顶总沉降量大于 100 mm。

终止加载后进行卸载，每级卸载值为加载值的两倍；卸载后隔 15 min 测读一次，读两次后，隔 0.5 h 再读一次，即可卸下一级荷载；全部卸载后，隔 3 h 再测读一次。

3. 单桩竖向极限承载力的确定

(1)当荷载-沉降(Q-s)曲线陡降段明显时，取相应于陡降段起点的荷载值[图 7-5(a)]；

(2)当出现可终止荷载条件(2)的情况，取前一级荷载值[图 7-5(b)]。

(3)当 Q-s 曲线呈缓变形时，取桩顶总沉降量 $s = 40$ mm 所对应的荷载值[图 7-5(c)]，当桩长大于 40 m 时，宜考虑桩身的弹性压缩。

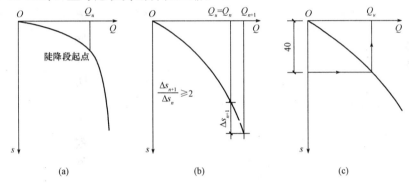

图 7-5　由 Q-s 曲线确定终极荷载 Q_u

(4)按上述方法判断有困难时，可结合其他辅助分析方法综合判定。对桩基沉降有特殊要求者，应根据具体情况选取。

(5)参加统计的试桩，当满足其极差不超过平均值的 30% 时，可取其平均值为单桩竖向极限承载力；极差超过平均值的 30% 时，宜增加试桩数量并分析极差过大的原因，结合工程具体情况确定极限承载力。对桩数为 3 根及 3 根以下的柱下桩台，取最小值。

将单桩竖向极限承载力除以安全系数 2，为单桩竖向承载力特征值 R_a。

(三)按经验公式确定

当根据土的物理指标与承载力参数之间的经验关系确定单桩竖向极限承载力标准值时，宜按下式估算：

$$Q_{uk} = Q_{sk} + Q_{pk} = u \sum q_{sik} l_i + q_{pk} A_p \qquad (7\text{-}2)$$

式中　Q_{uk}——单桩竖向极限承载力标准值(kN)；

　　　Q_{sk}——桩竖向总极限侧阻力标准值(kN)；

　　　Q_{pk}——桩竖向总极限端阻力标准值(kN)；

　　　q_{sik}——桩侧第 i 层土的极限侧阻力标准值(kPa)，如无当地经验时，可按表 7-1 取值；

　　　q_{pk}——极限端阻力标准值(kPa)，如无当地经验时，可按表 7-2 取值。

u——桩身周长(m);

l_i——第 i 层岩土的厚度(m);

A_p——桩底端横截面面积(m^2)。

表 7-1 桩的极限侧阻力标准值 q_{sik} kPa

土的名称	土的状态		混凝土 预制桩	泥浆护壁 钻(冲)孔桩	干作业 钻孔桩
填土			22～30	20～28	20～28
淤泥			14～20	12～18	12～18
淤泥质土			22～30	20～28	20～28
黏性土	流塑	$I_L>1$	24～40	21～38	21～38
	软塑	$0.75<I_L\leq1$	40～55	38～53	38～53
	可塑	$0.50<I_L\leq0.75$	55～70	53～68	53～66
	硬可塑	$0.25<I_L\leq0.50$	70～86	68～84	66～82
	硬塑	$0<I_L\leq0.25$	86～98	84～96	82～94
	坚硬	$I_L\leq0$	98～105	96～102	94～104
红黏土	$0.7<a_w\leq1$		13～32	12～30	12～30
	$0.5<a_w\leq0.7$		32～74	30～70	30～70
粉土	稍密	$e>0.9$	26～46	24～42	24～42
	中密	$0.75<e\leq0.9$	46～66	42～62	42～62
	密实	$e<0.75$	66～88	62～82	62～82
粉细砂	稍密	$10<N\leq15$	24～48	22～46	22～46
	中密	$15<N\leq30$	48～66	46～64	46～64
	密实	$N>30$	66～88	64～86	64～86
中砂	中密	$15<N\leq30$	54～74	53～72	53～72
	密实	$N>30$	74～95	72～94	72～94
粗砂	中密	$15<N\leq30$	74～95	74～95	76～98
	密实	$N>30$	95～116	95～116	98～120
砾砂	稍密	$5<N_{63.5}\leq15$ $N_{63.5}>15$	70～110	50～90	60～100
	中密(密实)		116～138	116～130	112～130
圆砾、角砾	中密、密实	$N_{63.5}>10$	160～200	135～150	135～150
碎石、卵石	中密、密实	$N_{63.5}>10$	200～300	140～170	150～170
全风化软质岩		$30<N\leq50$	100～120	80～100	80～100
全风化硬质岩		$30<N\leq50$	140～160	120～140	120～150
强风化软质岩		$N_{63.5}>10$	160～240	140～200	140～220
强风化硬质岩		$N_{63.5}>10$	220～300	160～240	160～260

注:1. 对于还未完成自重固结的填土和以生活垃圾为主的杂填土,不计算其侧阻力。

2. a_w 为含水比, $a_w=w/W_L$, w 为土的天然含水量, W_L 为土的液限。

3. N 为标准贯入击数, $N_{63.5}$ 为重型圆锥动力触探击数。

4. 全风化、强风化软质岩和全风化、强风化硬质岩是指其母岩分别为 $f_{rk}\leq15$ MPa 、 $f_{rk}>30$ MPa 的岩石。

表 7-2　桩的极限端阻力标准值 q_{pk}

kPa

土名称	土的状态	混凝土预制桩 桩长 l/m				泥浆护壁钻（冲）孔桩 桩长 l/m				干作业钻孔 桩桩长 l/m		
		l≤9	9<l≤16	16<l≤30	l>30	5≤l<10	10≤l<15	15≤l<30	l>30	5≤l<10	10≤l<15	l>15
黏性土	软塑 0.75<I_L≤1	210~850	650~1 400	1 200~1 800	1 300~1 900	150~250	250~300	300~450	300~450	200~400	400~700	700~950
	可塑 0.50<I_L≤0.75	850~1 700	1 400~2 200	1 900~2 800	2 300~3 600	350~450	450~600	600~750	750~800	500~700	800~1 100	1 000~1 600
	硬可塑 0.25<I_L≤0.50	1 500~2 300	2 300~3 300	2 700~3 600	3 600~4 400	800~900	900~1 000	1 000~1 200	1 200~1 400	850~1 100	1 500~1 700	1 700~1 900
	硬塑 0<I_L≤0.25	2 500~3 800	3 800~5 500	5 500~6 000	6 000~6 800	1 100~1 200	1 200~1 400	1 400~1 600	1 600~1 800	1 600~1 800	2 200~2 400	2 600~2 800
粉土	中密、密实 0.75≤e≤0.9	950~1 700	1 400~2 100	1 900~2 700	2 500~3 400	300~500	500~650	650~750	750~850	800~1 200	1 200~1 400	1 400~1 600
	稍密 e<0.75	1 500~2 600	2 100~3 000	2 700~3 600	3 600~4 400	650~900	750~950	900~1 100	1 100~1 200	1 200~1 700	1 400~1 900	1 600~2 100
粉砂	稍密 10<N≤15	1 000~1 600	1 500~2 300	1 900~2 700	2 100~3 000	350~500	450~600	600~700	650~750	500~950	1 300~1 600	1 500~1 700
	中密、密实 N>15	1 400~2 200	2 100~3 000	3 000~4 500	3 800~5 500	600~750	750~900	900~1 100	1 100~1 200	900~1 000	1 700~1 900	1 700~1 900
细砂	N>15	2 500~4 000	3 600~5 000	4 400~6 000	5 300~7 000	650~850	900~1 200	1 200~1 500	1 500~1 800	1 200~1 600	2 000~2 400	2 400~2 700
中砂	N>15	4 000~6 000	5 500~7 000	6 500~8 000	7 500~9 000	850~1 050	1 100~1 500	1 500~1 900	1 900~2 100	1 800~2 400	2 800~3 800	3 600~4 400
粗砂	N>15	5 700~7 500	7 500~8 500	8 500~10 000	9 500~11 000	1 500~1 800	2 100~2 400	2 400~2 600	2 600~2 800	2 900~3 600	4 000~4 600	4 600~5 200
砾砂	中密、密实 N>15	6 000~9 500		9 000~10 500		1 400~2 000		2 000~3 200		3 500~5 000		
角砾、圆砾	中密、密实 $N_{63.5}$>10	7 000~10 000		9 500~11 500		1 800~2 200		2 200~3 600		4 000~5 500		
碎石、卵石	中密、密实 $N_{63.5}$>10	8 000~11 000		10 500~13 000		2 000~3 000		3 000~4 000		4 500~6 500		
全风化软质岩	30<N≤50	4 000~6 000				1 000~1 600				1 200~2 000		
全风化硬质岩	30<N≤50	5 000~8 000				1 200~2 000				1 400~2 400		
强风化软质岩	$N_{63.5}$>10	6 000~9 000				1 400~2 200				1 600~2 600		
强风化硬质岩	$N_{63.5}$>10	7 000~11 000				1 800~2 800				2 000~3 000		

注：1. 砂土和碎石类土中桩的极限端阻力取值，宜综合考虑土的密实度，桩端进入持力层的深径比 h_b/d，土越密实，h_b/d 越大，取值越大。

2. 预制桩的岩石极限端阻力指桩端支承于中、微风化基岩表面或进入强风化岩、软质岩一定深度条件下的极限端阻力。

3. 全风化、强风化软质岩和全风化、强风化硬质岩指其母岩分别为 f_{rk}≤15 MPa、f_{rk}>30 MPa 的岩石。

【例 7-1】 有一钢筋混凝土预制方桩，边长为 30 cm，桩长 $l = 13$ m。承台埋置深度为 1.0 m，地基由四层土组成：第一层为杂填土，厚度为 1.5 m；第二层为淤泥质土，厚度为 5 m；第三层为黏土，厚度为 2 m，液性指数 $I_L = 0.50$；第四层为粗砂，中密状态，厚度较大，未击穿。试确定该预制方桩的单桩承载力特征值。

解：根据表 7-1 确定各土层桩的极限侧阻力标准值 q_{sik}：

第一层杂填土取 $q_{s1k} = 26$ kPa；

第二层淤泥质土取 $q_{s2k} = 26$ kPa；

第三层黏土取 $q_{s3k} = 70$ kPa；

第四层粗砂取 $q_{s4k} = 84$ kPa；

根据表 7-2 确定持力层粗砂的极限端阻力标准值 $q_{pk} = 8\,000$ kPa；

桩身周长：$u = 4 \times 0.3 = 1.2 (\text{m}^2)$；

桩低端横截面面积：$A_p = 0.3^2 = 0.09 (\text{m})$；

单桩竖向承载力标准值：

$$Q_{uk} = Q_{sk} + Q_{pk} = u \sum q_{sik} l_i + q_{pk} A_p$$
$$= 1.2 \times (26 \times 0.5 + 26 \times 5 + 70 \times 2 + 84 \times 5.5) + 8\,000 \times 0.09$$
$$= 1\,614 (\text{kN})$$

单桩竖向承载力特值：

$$R_a = \frac{Q_{uk}}{2} = \frac{1\,614}{2} = 807 (\text{kN})$$

三、群桩竖向承载力

(一)群桩基础

实际工程中，单桩的承载力通常较小，除少量大直径桩可作为柱下单桩基础，桩基础通常由多根桩即群桩组成，群桩基础中的单桩称为基桩，包含承台底土阻力的基桩称为复合基桩。可以将桩基础分为柱下单桩基础、柱下群桩基础、条形承台桩基、筏形和箱形承台桩基等。

柱下单桩基础应用在结构物的柱子下，有时桩的上部就是建筑物的支柱。有的柱下或独立构筑物下的承台连接的是两根或更多根的群桩。

条形承台桩基建在建筑物的墙下或成排的柱下，有单排桩和多排桩之分。在用多排桩时，桩基不但要承受竖向荷载，还要承受弯曲荷载。筏形和箱形承台桩基用于整个或部分结构物的大荷载作用下。

对于双柱式或多柱式桥墩单排桩基础，当桩外露在地面上较高时，桩间以横系梁相连，以加强各桩的横向联系。

(二)群桩效应

大多数情况下，桩成群出现在桩基础中，承台浇筑在群桩上。一般承台与地基土接触，称为低桩承台或贴地承台。但在近海（石油）平台的结构中，承台可能在地面或水面以上，称为高桩承台。群桩承载力的确定是一个极其复杂的问题，至今还没有完全弄清楚群桩间的相互影响以及承台承担的竖向荷载。当桩设置得很近时，由于桩侧摩阻力的扩散作用，各桩在桩侧和桩端平面产生应力重叠，即群桩效应(图 7-6)。一方面，桩间土向下的位移变大，桩土相对位移变小，影响了桩侧阻力的发挥；另一方面，增大桩端以下土层的压缩量，使群桩的承载力小于单桩承载力之和。同时，群桩沉降量也可能大于单桩的沉降量，这就是群桩效应引起的结果。

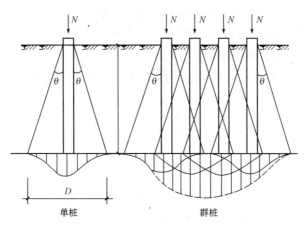

图 7-6 群桩效应

群桩效应可以这样来描述：群桩基础受竖向荷载后，由于承台、桩、土的相互作用使其桩侧阻力、桩端阻力和沉降等性状发生变化而与单桩明显不同，承载力往往不等于各单桩承载力之和，称其为群桩效应。群桩效应受土性、桩距、桩数、桩的长径比、桩长与承台宽度比、成桩方法等多种因素的影响而变化。群桩效应系数为用来度量构成群桩承载力的各个分量因群桩效应而降低或提高的幅度指标，如侧阻、端阻、承台底土阻力的群桩效应系数。

（三）桩承台效应

低桩承台相当于浅基础，其底部地基土的承载力分布在承台的净底面面积上，即分布在承台底面面积减去群桩的总截面面积上。由于群桩效应，净底面面积上地基土的承载力要比无桩浅基础的地基承载力小，而且承台内区（桩群外包络线以内）显著小于外区。现场实测数据表明，承台底部地基承载力的分布形式随桩距、桩长和承台刚度而变化，因此，应结合地区经验考虑桩、土和承台的共同工作，即考虑净底面面积上地基土的承载力对桩群承载力的贡献。

在设计中，通常因为下列原因引起承台和地基土脱空，有时忽略或不能考虑承台的贡献：

（1）土的侵蚀或工程使用期限内的开挖。

（2）受动力荷载的反复作用，如铁路桥梁桩基。

（3）承台底面以下有欠固结土、可液化土、湿陷性土、新填土或高灵敏度软土。

（4）饱和软土因沉桩产生超孔隙水压力和土体隆起，其后桩间土固结下沉。

（5）地下水水位下降引起地基土沉降。

绝大多数情况下，承台为现浇钢筋混凝土结构，与地基土直接接触，而且在上部荷载作用下，承台与地基土压得更紧。因此，实际上承台具有一定的承载能力。

（四）承台效应系数

对于端承型桩基、桩数少于4根的摩擦型柱下独立桩基，或由于地层土性、使用条件等因素不宜考虑承台效应时，基桩竖向承载力特征值应取单桩竖向承载力特征值。

对于符合下列条件之一的摩擦型桩基，宜考虑承台效应确定其复合基桩的竖向承载力特征值：

(1)上部结构整体刚度较好、体型简单的建(构)筑物。

(2)对差异沉降适应性较强的排架结构和柔性构筑物。

(3)按变刚度调平原则设计的桩基刚度相对弱化区。

(4)软土地基的减沉复合疏桩基础。

考虑承台效应的复合基桩竖向承载力特征值可按下列公式确定：

不考虑地震作用时：

$$R=R_a+\eta_c f_{ak} A_c \qquad (7-3)$$

考虑地震作用时：

$$R=R_a+\frac{\zeta_a}{1.25}\eta_c f_{ak} A_c \qquad (7-4)$$

$$A_c=(A-nA_{ps})/n \qquad (7-5)$$

式中　η_c——承台效应系数，可按表7-3取值；

f_{ak}——承台下1/2承台宽度且不超过5 m深度范围内各层土的地基承载力特征值，按厚度加权的平均值；

A_c——计算基桩所对应的承台底净面积；

A_{ps}——桩身截面面积；

A——承台计算域面积，对于柱下独立桩基，A为承台总面积，对于桩筏基础，A为柱、墙筏板的1/2跨距和悬臂边2.5倍筏板厚度所围成的面积，桩集中布置于单片墙下的桩筏基础，取墙两边各1/2跨距围成的面积，按条形基础计算η_c；

ζ_a——地基抗震承载力调整系数，应按现行国家标准《建筑抗震设计规范(2016年版)》(GB 50011—2010)采用。

当承台底为可液化土、湿陷性土、高灵敏度软土、欠固结土、新填土，沉桩引起超孔隙水压力和土体隆起时，不考虑承台效应，取$\eta_c=0$。

表7-3　承台效应系数 η_c

B_c/l ＼ s_a/d	3	4	5	6	＞6
≤0.4	0.06～0.08	0.14～0.17	0.22～0.26	0.32～0.38	0.50～0.80
0.4～0.8	0.08～0.10	0.17～0.20	0.26～0.30	0.38～0.44	
＞0.8	0.10～0.12	0.20～0.22	0.30～0.34	0.44～0.50	
单排桩条形承台	0.15～0.18	0.25～0.30	0.38～0.45	0.50～0.60	

注：1. 表中s_a/d为桩中心距与桩径之比；B_c/l为承台宽度与桩长之比。当计算基桩为非正方形排列时，$s_a=\sqrt{A/n}$，A为承台计算域面积，n为总桩数。

2. 对于桩布置于墙下的箱、筏承台，η_c可按单排桩条基取值。

3. 对于单排桩条形承台，当承台宽度小于1.5d时，η_c按非条形承台取值。

4. 对于采用后注浆灌注桩的承台，η_c宜取小值。

5. 对于饱和黏性土中的挤土桩基、软土地基上的桩基承台，η_c宜取小值的0.8倍。

【例 7-2】 有一钢筋混凝土预制方桩，边长为 30 cm，桩长 $l=13$ m。承台埋置深度为 1.0 m，地基由四层土组成：第一层为杂填土，厚度为 1.5 m，地基承载力特征值 $f_{ak}=90$ kPa；第二层为淤泥质土，厚度为 5 m，地基承载力特征值 $f_{ak}=65$ kPa；第三层为黏土，厚度为 2 m，液性指数 $I_L=0.50$，地基承载力特征值 $f_{ak}=150$ kPa；第四层为粗砂，中密状态，厚度较大，未击穿。承台尺寸及桩位如图 7-7 所示。试确定考虑承台效应后，该预制方桩的承载力特征值。

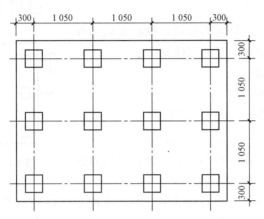

图 7-7　例 7-2 承台尺寸及桩位图

解： 不考虑承台效应时，该预制方桩的单桩承载力特征值计算过程见例 7-1。

$$R_a=807 \text{ kN}$$

桩中心距与桩径之比：$s_a/d=1.05/0.3=3.5$；

承台宽度与桩长之比：$B_c/l=2.7/13=0.21<0.4$；

承台效应系数：取 $\eta_c=0.11$；

承台下 1/2 承台宽度且不超过 5 m 深度范围内各层土的地基承载力特征值：

$$f_{ak}=\frac{90\times0.5+65\times(1.35-0.5)}{1.35}=74.26(\text{kPa})$$

承台底净面积：

$$A_c=\frac{A-nA_{ps}}{n}=\frac{3.75\times2.7-12\times0.3^2}{12}=0.75(\text{m}^2)$$

考虑承台效应的承载力特征值：

$$R=R_a+\eta_c f_{ak}A_c=807+0.11\times74.26\times0.75=813.13(\text{kPa})$$

（五）桩基中各基桩的竖向承载力验算

对于一般建筑物和受水平力较小的高大建筑物，桩径相同的低承台桩基，计算各基桩桩顶所受到的竖向力时，多假定承台为绝对刚性，将桩视为受压杆件，按材料力学方法进行计算。当基桩承受较大水平力或为高承台桩基时，桩顶作用效应的计算应考虑承台与基桩协同工作和土的弹性抗力。

群桩中单桩桩顶竖向力采用了正常使用极限状态标准组合下的竖向力，承台及承台上土自重采用标准值。其意义在于以作用标准组合确定桩数，与天然地基确定基础尺寸的原则相一致。同时，避免了设计值、标准值相混淆的可能性，便于应用。

（1）群桩中单桩桩顶竖向力应按下列公式进行计算（图 7-8）：

①轴心竖向力作用下：

$$Q_k = \frac{F_k + G_k}{n} \qquad (7-6)$$

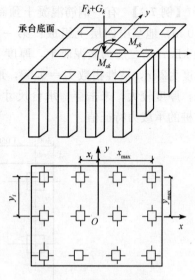

式中　F_k——相应于荷载作用的标准组合时，作用于桩
基承台顶面的竖向力(kN)；

G_k——桩基承台自重及承台上土自重标准值
(kN)；

Q_k——相应于作用的标准组合时，轴心竖向力作
用下任一单桩的竖向力(kN)；

n——桩基中的桩数。

②偏心竖向力作用下：

$$Q_{ik} = \frac{F_k + G_k}{n} \pm \frac{M_{xk} y_i}{\sum y_i^2} \pm \frac{M_{yk} x_i}{\sum x_i^2} \qquad (7-7)$$

图 7-8　桩顶荷载计算简图

式中　Q_{ik}——相应于作用的标准组合时，偏心竖向力作
用下第 i 根桩的竖向力(kN)；

M_{xk}，M_{yk}——相应于作用的标准组合时，作用于承台底面通过桩群形心的 x、y 轴
的力矩(kN·m)；

x_i，y_i——桩 i 至桩群形心的 yx 轴线的距离(m)。

③水平力作用下：

$$H_{ik} = \frac{H_k}{n} \qquad (7-8)$$

式中　H_k——相应于作用的标准组合时，作用于承台底面的水平力(kN)；

H_{ik}——相应于作用的标准组合时，作用于任一单桩的水平力(kN)。

(2)单桩承载力计算应符合下列规定：

①轴心竖向力作用下：

$$Q \leqslant R_a \qquad (7-9)$$

式中　R_a——单桩竖向承载力特征值(kN)。

②偏心竖向力作用下，除满足式(7-9)外，还应满足下式要求：

$$Q_{max} \leqslant 1.2 R_a \qquad (7-10)$$

③水平荷载作用下：

$$H_{ik} \leqslant R_{Ha} \qquad (7-11)$$

式中　R_{Ha}——单桩水平承载力特征值(kN)。

第三节　桩基础的设计

一、桩基础设计的内容及步骤

(1)调查研究，收集设计资料。

(2)确定桩基持力层和桩长。

(3)选择桩的类型和几何尺寸,初步确定承台底面标高。

(4)确定单桩竖向和水平向(承受水平力为主的桩)承载力设计值。

(5)确定桩的数量、间距和布置方式。

(6)验算桩基的承载力和沉降。

(7)桩身结构设计。

(8)承台设计。

(9)绘制桩基施工图。

二、收集设计资料

设计桩基前,必须充分掌握设计原始资料,包括建筑类型、荷载、工程地质勘察资料、施工技术设备及材料来源,并尽量了解当地使用桩基的经验。

桩基设计应具备以下资料:

(1)岩土工程勘察文件。

①桩基按两类极限状态进行设计时所需用岩土物理力学参数及原位测试参数;

②对建筑场地的不良地质作用,如滑坡、崩塌、泥石流、岩溶、土洞等,有明确判断、结论和防治方案;

③地下水水位埋藏情况、类型和水位变化幅度及抗浮设计水位,土、水的腐蚀性评价,地下水浮力计算的设计水位;

④抗震设防区按设防烈度提供的液化土层资料;

⑤有关地基土冻胀性、湿陷性、膨胀性评价。

(2)建筑场地与环境条件的有关资料。

①建筑场地现状,包括交通设施、高压架空线、地下管线和地下构筑物的分布;

②相邻建筑物安全等级、基础形式及埋置深度;

③附近类似工程地质条件场地的桩基工程试桩资料和单桩承载力设计参数;

④周围建筑物的防振、防噪声的要求;

⑤泥浆排放、弃土条件;

⑥建筑物所在地区的抗震设防烈度和建筑场地类别。

(3)建筑物的有关资料。

①建筑物的总平面布置图;

②建筑物的结构类型、荷载,建筑物的使用条件和设备对基础竖向及水平位移的要求;

③建筑结构的安全等级。

(4)施工条件的有关资料。

①施工机械设备条件、制桩条件、动力条件、施工工艺对地质条件的适应性;

②水、电及有关建筑材料的供应条件;

③施工机械的进出场及现场运行条件。

(5)供设计比较用的有关桩型及实施的可行性的资料。

桩基的详细勘察除应满足现行国家标准《岩土工程勘察规范[2009年版]》(GB 50021—2001)有关要求外,还应满足下列要求:

①勘探点间距。

a. 对于端承型桩(含嵌岩桩),主要根据桩端持力层顶面坡度决定,宜为 12～24 m。当相邻两个勘察点揭露出的桩端持力层层面坡度大于10%，或持力层起伏较大、地层分布复杂时，应根据具体工程条件适当加密勘探点。

b. 对于摩擦型桩，宜按20～35 m布置勘探孔，但遇到土层的性质或状态在水平方向分布变化较大或存在可能影响成桩的土层时，应适当加密勘探点。

c. 复杂地质条件下的柱下单桩基础应按柱列线布置勘探点，并宜每桩设一勘探点。

②勘探深度。

a. 宜布置1/3～1/2的勘探孔为控制性孔。对于设计等级为甲级的建筑桩基，至少应布置3个控制性孔；对于设计等级为乙级的建筑桩基，至少应布置2个控制性孔。控制性孔应穿透桩端平面以下压缩层厚度；一般性勘探孔应深入预计桩端平面以下3～5倍桩身设计直径，而且不得小于3 m；对于大直径桩，不得小于5 m。

b. 嵌岩桩的控制性钻孔应深入预计桩端平面以下不小于3～5倍桩身设计直径，一般性钻孔应深入预计桩端平面以下不小于1～3倍桩身设计直径。当持力层较薄时，应有部分钻孔钻穿持力岩层。在岩溶、断层破碎带地区，应查明溶洞、溶沟、溶槽、石笋等的分布情况，钻孔应钻穿溶洞或断层破碎带进入稳定土层，进入深度应满足上述控制性钻孔和一般性钻孔的要求。

③在勘探深度范围内的每一地层，均应采取不扰动试样进行室内试验或根据土质情况选用有效的原位测试方法进行原位测试，提供设计所需参数。

三、桩基础类型的选择

桩型的选择是桩基础设计的最基本环节之一。桩型选择的原则是要因地制宜、经济合理，应考虑工程地质和水文地质条件、工程特点、施工对周围的影响、施工的可行性等因素，考虑技术经济效果，综合分析对比，最后选择桩型，以满足设计的合理性。

(1)工程地质和水文地质条件。所选择的桩型要适应工程地质和水文地质条件，使所选择的桩型是可以施工的、质量有保证的，最大限度地发挥地质及桩身的潜在能力。当遇到地下障碍物、软弱土层、洞穴、断层或侵蚀性土层时，除要选择好桩型外，还要进行必要的技术处理。

(2)工程特点。工程特点包括建筑物的结构类型、荷载大小及分布、对沉降的敏感性等。荷载大小是选择桩型时考虑的重要条件之一。当上部结构传来的荷载大时，应选择承载力较大的桩型，如大直径灌注桩、钢管桩、嵌岩桩等，以避免因为桩基础承载力小而使桩的数量增多，导致间距过密、承台加大。

(3)施工对周围环境的影响。桩基础在沉桩过程中容易对周围环境造成振动、噪声、污水、泥浆、地面隆起、土体位移等不良影响，甚至影响周围的建筑物、地下管线设施等安全。在居民生活、工作区周围，应尽可能避免使用锤击、振动法沉桩的桩型。当周围环境存在市政管线或危旧房屋时，或对挤土效应较敏感时，就不能使用挤土桩。如果必须采用预制桩，为减小挤土效应，应采用压桩法沉桩并采取减小挤土效应的相关措施。

(4)考虑工程造价及工期的要求。选择桩型时，如果满足承载力的桩型有多种，应选择能保证工期且施工费用及造价均较小的桩型，从根本上降低工程造价。有时，桩的直径小、数量多、承台大，则总造价可能会高于采用承载力大的大直径桩的单桩承台的造价。另外，桩型的选择还要考虑施工场地和设备的制约情况，这些因素都会限制一些桩型的选用。

(5)经济条件。综合分析上述条件，对所选择的桩型经过经济性、工期、施工的可行性、安全性等比较之后，最后桩型选定要由经济性决定。例如，对于采用承载力低、桩数较多的桩基础，还是采用承载力较高、桩数较少的桩基础，要由经济性来决定。工程项目投资需要银行贷款，工期越长，投资回报越慢，因此，缩短工期也可以带来可观的经济效益。由于预制桩的施工速度要快于灌注桩，可优先选择预制桩桩型。

四、桩身规格及承载力确定

(一)桩长的选择

桩的长度主要取决于桩端持力层的选择。持力层确定后，桩长也就能初步确定下来。同时，桩长的选择与桩的材料、施工工艺等因素有关。

(1)桩端持力层应选择较硬土层。原则上，桩端最好进入坚硬土层或岩层、采用嵌岩桩的端承桩；但坚硬土层埋藏很深时，则宜采用摩擦桩，桩端应尽量到达低压缩强度或中等压缩强度的土层上。

(2)桩端进入持力层的深度。对于黏性土、粉土，不宜小于 $2d$（d 为桩的直径或边长）；砂类土不宜小于 $1.5d$；碎石类土不宜小于 d。当存在软弱下卧层时，桩端以下硬持力层厚度不宜小于 $4d$；嵌岩灌注桩的周边嵌入微风化或中风化岩体的最小深度不宜小于 $0.5\ m$，以确保桩端与岩体接触。另外，桩底 $3d$ 范围中，应没有软弱夹层、断裂带、洞穴和孔隙分布，这对于荷载较大的桩基础（尤其是柱下单桩)至关重要。研究表明，桩端阻力随着进入持力层深度的增大而增大。

(3)临界深度。桩端进入持力层某一深度后，桩端阻力不再增大，则该深度为临界深度。当硬持力层较厚、施工条件容许时，桩端进入持力层的深度应尽可能达到桩端阻力的临界深度，以提高桩端阻力。临界深度值对于砂、砾为$(3\sim6)d$，对于粉土、黏性土为$(5\sim 10)d$。

(4)同一建筑物应尽可能采用相同桩型的桩。一般情况下，同一建筑物应尽可能采用相同桩型的桩基；特殊情况下，建筑物平面范围内的荷载分布很不均匀时，也可根据荷载和地基的地质条件，采用不同直径的基桩。

(二)桩的截面尺寸及承台埋置深度的选择

桩型及桩长初步确定后，可根据混凝土桩截面边长不应小于 $200\ mm$，预应力混凝土预制桩截面边长不宜小于 $350\ mm$，定出桩的截面尺寸并初步确定承台底面标高。一般情况下，承台埋置深度的选择主要从结构要求和冻胀要求考虑，并不得小于 $600\ mm$。若土为季节性冻土，承台埋置深度除要考虑冻胀要求外，还要考虑是否采用相应的防冻害措施。膨胀土上的承台，其埋置深度要考虑土的膨胀性影响。故季节性冻土、膨胀土地区，承台应埋设在冰冻线、大气影响线以下。但当冰冻线、大气影响线深度不小于 $1\ m$，而且承台高度较小时，承台的埋置深度就不能取得太大。此时，则根据土的冻胀性、膨胀性等级，采取相应的防冻害、防膨胀措施后，可将承台埋设在冰冻线、大气影响线以上。

(三)确定单桩承载力

根据结构物对桩功能的要求及荷载特性，需明确单桩承载力的类型，如抗压、抗拔及水平承载力等，并根据确定承载力的具体方法及有关规范要求，给出单桩承载力的设计值或特征值等。

五、桩的数量及平面布置

（一）桩的数量

根据单桩竖向承载力特征值和上部结构物荷载初步估算桩数如下：

当桩基为轴心受压时，桩数 n 应满足下式要求：

$$n \geqslant \frac{F_k + G_k}{R_a} \tag{7-12}$$

式中　F_k——相应于荷载作用的标准组合时，作用于桩基承台顶面的竖向力(kN)；

　　　G_k——桩基承台自重及承台上土自重标准值(kN)；

　　　R_a——单桩竖向承载力特征值(kN)；

　　　n——桩基中的桩数。

当桩基为偏心受压时，一般先按轴心受压初步估算桩数，然后按偏心荷载大小将桩数增加 10%～20%。所选的桩数是否合适，还需对各桩受力验算后确定。如有必要，还要通过桩基软弱下卧层承载力验算和桩基沉降验算，才能最终确定。

承受水平荷载的桩基，在确定桩数时，还应满足对桩的水平承载力的要求。此时，可以取各单桩水平承载力之和，作为桩基的水平承载力，这样做通常是偏于安全的考虑。

（二）桩的中心距

桩的中心距(桩距)过大，会增加承台的体积，使其造价提高；反之，桩距过小，给桩基础的施工造成困难，如是摩擦型群桩，还会出现应力重叠，使桩的承载力不能充分发挥作用。因此，《建筑桩基技术规范》(JGJ 94—2008)规定，一般桩的最小中心距应满足表 7-4 的要求。对于大面积的群桩，尤其是挤土桩，还应将表内数值适当增大。

表 7-4　桩的最小中心距

土类与成桩工艺		排数不少于 3 排且桩数不少于 9 根的摩擦型桩桩基	其他情况
非挤土灌注桩		3.0d	3.0d
部分挤土桩	非饱和土、饱和非黏性土	3.5d	3.0d
	饱和黏性土	4.0d	3.5d
挤土桩	非饱和土、饱和非黏土	4.0d	3.5d
	饱和黏性土	4.5d	4.0d
钻、挖孔扩底桩		2D 或 D+2.0 m(当 $D>2$ m)	1.5D 或 D+1.5 m(当 $D>2$ m)
沉管夯扩、钻孔挤扩桩	非饱和土、饱和非黏土	2.2D 且 4.0d	2.0D 且 3.5d
	饱和黏性土	2.5D 且 4.5d	2.2D 且 4.0d

注：1. d——圆桩设计直径或方桩设计边长，D——扩大端设计直径。

　　2. 当纵横向桩距不相等时，其最小中心距应满足"其他情况"一栏的规定。

　　3. 当为端承型桩时，非挤土灌注桩的"其他情况"一栏可减小至 2.5d。

（三）桩位的布置

桩位在平面的布置可简称布桩。桩在平面内可布置成：对于单独基础下的桩基础，可采用方形、三角形、梅花形等布桩方式，如图 7-9(a)所示；对于条形基础下的桩基础，可采用单排或双排布置方式，如图 7-9(b)所示，有时可采用不等距的形式。

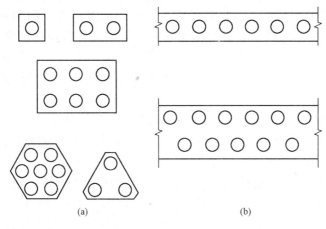

图 7-9　桩的平面布置图
(a)柱下桩基；(b)墙下桩基

布桩是否合理，对桩的受力及承载力的充分发挥，减小沉降量，特别是减小不均匀沉降量，具有相当重要的作用。布桩的一般原则如下：

(1)尽量使桩基础的各桩受力比较均匀。布桩时，应尽可能使上部荷载的中心与群桩的截面形心重合或接近，这样接近于轴心受荷，使每根桩的受力均匀。

(2)增加群桩基础的抗弯能力。当作用于桩基础承台底面的弯矩较大时，增加群桩截面的惯性矩。

(3)对于柱下单独基础和整片式的桩基础，宜采用外密内疏不等距的布桩方式；对于横墙下桩基础，可在外纵墙之外布设 1 或 2 根探头桩；在有门洞的墙下，布桩时应将桩设置在门洞的两侧；对于梁式或板式基础下的群桩，布桩时应注意使梁板中的弯矩尽量减小，应多在柱、墙下布桩，以减少梁和板跨中的桩数，从而减小弯矩。

以上原则要在实际工程中综合分析后再布桩，使其更为合理。

六、桩身结构设计

确定承台底面尺寸和桩的排列后，应验算群桩的承载力和每根桩的承载力。如果验算结果不满足要求，必须修改设计直至满足为止。

(1)摩擦型桩的中心距不宜小于桩身直径的 3 倍；扩底灌注桩的中心距不宜小于扩底直径的 1.5 倍。当扩底直径大于 2 m 时，桩端净距不宜小于 1 m。在确定桩距时，还应考虑施工工艺中挤土等效应对邻近桩的影响。

(2)扩底灌注桩的扩底直径，不应大于桩身直径的 3 倍。

(3)桩底进入持力层的深度，根据地质条件、荷载及施工工艺确定，宜为桩身直径的 1~3 倍。在确定桩底进入持力层深度时，还应考虑特殊土、岩溶以及震陷液化等的影响。嵌岩灌注桩周边嵌入完整和较完整的未风化、微风化、中风化硬质岩体的最小深度，不宜小于 0.5 m。

(4)布置桩位时，宜使桩基承载力合力点与竖向永久荷载合力作用点重合。

(5)设计使用年限不少于 50 年时，非腐蚀环境中预制桩的混凝土强度等级不应低于 C30，预应力桩不应低于 C40，灌注桩的混凝土强度等级不应低于 C25，混凝土预制桩尖强度等级不得小于 C30；二 b 类环境及三类和四类、五类微腐蚀环境中，不应低于 C30；在腐蚀环境中的桩，桩身混凝土的强度等级应符合现行国家标准《混凝土结构设计规范（2015 年版）》（GB 50010—2010）的有关规定。设计使用年限不少于 100 年的桩，桩身混凝土的强度等级宜适当提高。水下灌注混凝土的桩身混凝土强度等级不宜高于 C40。

(6)桩身混凝土的材料、最小水泥用量、水胶比、抗渗等级等，应符合现行国家标准《混凝土结构设计规范（2015 年版）》（GB 50010—2010）、《工业建筑防腐蚀设计规范》（GB 50046—2008）及《混凝土结构耐久性设计规范》（GB/T 50476—2008）的有关规定。

(7)预制桩的桩身配筋，应按吊运、打桩及桩在使用中的受力等条件计算确定。预制桩的最小配筋率不宜小于 0.8%（锤击沉桩）、0.6%（静压沉桩），预应力桩不宜小于 0.5%，主筋直径不宜小于 14 mm，打入桩桩顶以下 4～5 倍桩身直径长度范围内箍筋应加密并设置钢筋网片。

灌注桩最小配筋率不宜小于 0.2%～0.65%（小直径桩取大值）。对于受水平荷载的桩，主筋不应小于 8Φ12；对于抗压桩和抗拔桩，主筋不应少于 6Φ10；纵向主筋应沿桩身周边均匀布置，其净距不应小于 60 mm；桩顶以下 3～5 倍桩身直径范围内，箍筋宜适当加强加密；箍筋应采用螺旋式，直径不应小于 6 mm，间距宜为 200～300 mm；受水平荷载较大的桩基、承受水平地震作用的桩基以及需要考虑主筋作用计算桩身受压承载力的桩基，桩顶以下 5d 范围内的箍筋应加密，间距不应大于 100 mm；当桩身位于液化土层范围内时箍筋应加密；当考虑箍筋受力作用时，箍筋配置应符合现行国家标准《混凝土结构设计规范（2015 年版）》（GB 50010—2010）的有关规定；当钢筋笼长度超过 4 m 时，应每隔 2 m 设一道直径不小于 12 mm 的焊接加劲箍筋。

(8)桩身纵向钢筋配筋长度应符合下列规定：

①受水平荷载和弯矩较大的桩，配筋长度应通过计算确定。

②桩基承台下存在淤泥、淤泥质土或液化土层时，配筋长度应穿过淤泥、淤泥质土层或液化土层。

③坡地岸边的桩、8 度及 8 度以上地震区的桩、抗拔桩、嵌岩端承桩，应通长配筋。

④钻孔灌注桩构造钢筋的长度不宜小于桩长的 2/3；桩施工在基坑开挖前完成时，其钢筋长度不宜小于基坑深度的 1.5 倍。

(9)桩身配筋时，根据计算结果及施工工艺要求，可沿桩身纵向不均匀配筋。腐蚀环境中的灌注桩主筋直径不宜小于 16 mm，非腐蚀性环境中灌注桩主筋直径不应小于 12 mm。

(10)桩顶嵌入承台内的长度不应小于 50 mm。主筋伸入承台内的锚固长度不应小于钢筋直径（HPB300 级）的 30 倍和钢筋直径（HRB335 级及 HRB400 级）的 35 倍。对于大直径灌注桩，当采用一柱一桩时，可设置承台或将桩和柱直接连接。

(11)灌注桩主筋混凝土保护层厚度不应小于 50 mm；预制桩不应小于 45 mm，预应力管桩不应小于 35 mm；腐蚀环境中的灌注桩不应小于 55 mm。

(12)预制桩的分节长度应根据施工条件及运输条件确定；每根桩的接头数量不宜超过 3 个。预制桩的桩尖可将主筋合拢，焊在桩尖辅助钢筋上。对于持力层为密实砂和碎石类土时，宜在桩尖处包以钢板桩靴以加强桩尖。

七、桩基承台设计

(一)承台的构造要求

(1)桩基承台的构造,应满足抗冲切、抗剪切、抗弯承载力和上部结构要求,还应符合下列要求:

①独立柱下桩基承台的最小宽度不应小于 500 mm,边桩中心至承台边缘的距离不应小于桩的直径或边长,而且桩的外边缘至承台边缘的距离不应小于 150 mm。对于墙下条形承台梁,桩的外边缘至承台梁边缘的距离不应小于 75 mm。承台的最小厚度不应小于 300 mm。

②高层建筑平板式和梁板式筏形承台的最小厚度不应小于 400 mm,墙下布桩的剪力墙结构筏形承台的最小厚度不应小于 200 mm。

(2)承台混凝土材料及其强度等级应符合结构混凝土耐久性的要求和抗渗要求。混凝土强度等级不应低于 C20;纵向钢筋的混凝土保护层厚度不应小于 70 mm。当有混凝土垫层时,不应小于 40 mm 且不应小于桩头嵌入承台内的长度。

(3)承台的钢筋配置应符合下列规定:

①柱下独立桩基承台纵向受力钢筋应通长配置[图 7-10(a)],对四桩以上(含四桩)承台宜按双向均匀布置,对三桩的三角形承台应按三向板带均匀布置,而且最里面的三根钢筋围成的三角形应在柱截面范围内[图 7-10(b)]。纵向钢筋锚固长度自边桩内侧(当为圆桩时,应将其直径乘以 0.8 等效为方桩)算起,不应小于 35d (d 为钢筋直径);当不满足时应将纵向钢筋向上弯折,此时水平段的长度不应小于 25d,弯折段长度不应小于 10d。承台纵向受力钢筋的直径不应小于 12 mm,间距不应大于 200 mm。柱下独立桩基承台的最小配筋率不应小于 0.15%。

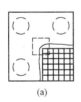
(a)

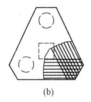
(b)

图 7-10 承台配筋示意
(a)矩形承台配筋;(b)三桩承台配筋

②柱下独立两桩承台,应按现行国家标准《混凝土结构设计规范(2015 年版)》(GB 50010—2010)中的受弯构件配置纵向受拉钢筋、水平及竖向分布钢筋。承台纵向受力钢筋端部的锚固长度及构造,应与柱下多桩承台的规定相同。

③条形承台梁的纵向主筋应符合现行国家标准《混凝土结构设计规范(2015 年版)》(GB 50010—2010)关于最小配筋率的规定。主筋直径不应小于 12 mm,架立筋直径不应小于 10 mm,箍筋直径不应小于 6 mm。承台梁端部纵向受力钢筋的锚固长度及构造,应与柱下多桩承台的规定相同。

④筏形承台板或箱形承台板在计算中当仅考虑局部弯矩作用时,考虑到整体弯曲的影响,在纵、横两个方向的下层钢筋配筋率不宜小于 0.15%;上层钢筋应按计算配筋率全部连通。当筏板的厚度大于 2 000 mm 时,宜在板厚中间部位设置直径不小于 12 mm、间距不大于 300 mm 的双向钢筋网。

⑤承台底面钢筋的混凝土保护层厚度，当有混凝土垫层时，不应小于 50 mm，无垫层时不应小于 70 mm；另外，还不应小于桩头嵌入承台内的长度。

(4)桩与承台的连接构造应符合下列规定：

①桩嵌入承台内的长度，对中等直径桩不宜小于 50 mm，对大直径桩不宜小于 100 mm。

②混凝土桩的桩顶纵向主筋应锚入承台内，其锚入长度不宜小于 35 倍纵向主筋直径。对于抗拔桩，桩顶纵向主筋的锚固长度应按现行国家标准《混凝土结构设计规范(2015 年版)》(GB 50010—2010)确定。

③对于大直径灌注桩，当采用一柱一桩时，可设置承台或将桩与柱直接连接。

(5)柱与承台的连接构造应符合下列规定：

①对于一柱一桩基础，柱与桩直接连接时，柱纵向主筋锚入桩身内长度不应小于 35 倍纵向主筋直径。

②对于多桩承台，柱纵向主筋应锚入承台不应小于 35 倍纵向主筋直径；当承台高度不满足锚固要求时，竖向锚固长度不应小于 20 倍纵向主筋直径，并向柱轴线方向呈 90°弯折。

③当有抗震设防要求时，对于一、二级抗震等级的柱，纵向主筋锚固长度应乘以 1.15 的系数；对于三级抗震等级的柱，纵向主筋锚固长度应乘以 1.05 的系数。

(6)承台与承台之间的连接构造应符合下列规定：

①一柱一桩时，应在桩顶两个主轴方向上设置连系梁。当桩与柱的截面直径之比大于 2 时，可不设连系梁。

②两桩桩基的承台，应在其短向设置连系梁。

③有抗震设防要求的柱下桩基承台，宜沿两个主轴方向设置连系梁。

④连系梁顶面宜与承台顶面位于同一标高。连系梁宽度不宜小于 250 mm，其高度可取承台中心距的 1/10～1/15 且不宜小于 400 mm。

⑤连系梁配筋应按计算确定，梁上、下部配筋不宜小于 2 根直径为 12 mm 的钢筋，并应按受拉要求锚入承台；位于同一轴线上的连系梁纵筋宜通长配置。

(二)承台结构计算

桩基承台的设计包括：确定承台的材料、底面标高、平面形状和尺寸、剖面形状与尺寸，以及进行受弯计算、受冲切计算和剪切计算，其他还有局部受压验算、抗震验算等。其中，以受弯计算确定承台的配筋，以冲切和剪切计算确定承台的高度，并应符合构造要求。

1. 柱下桩基承台的弯矩计算

(1)多桩矩形承台计算截面取在柱边和承台高度变化处[图 7-11(a)]：

$$M_x = \sum N_i y_i \tag{7-13}$$

$$M_y = \sum N_i x_i \tag{7-14}$$

式中　M_x，M_y——分别为垂直 x 轴和 y 轴方向计算截面处的弯矩设计值(kN·m)；

　　　x_i，y_i——垂直 x 轴和 y 轴方向自桩轴线到相应计算截面的距离(m)；

　　　N_i——扣除承台和其上填土自重后相应于作用的基本组合时的第 i 桩竖向力设计值(kN)。

(2)三桩承台。

①等边三桩承台[图 7-11(b)]:

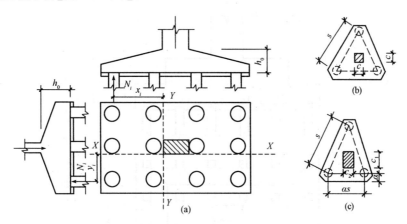

图 7-11　承台弯矩计算

(a)矩形多桩承台；(b)等边三桩承台；(c)等腰三桩承台

$$M=\frac{N_{\max}}{3}\left(s-\frac{\sqrt{3}}{4}c\right) \tag{7-15}$$

式中　M——由承台形心至承台边缘距离范围内板带的弯矩设计值(kN·m)；

　　　$N_{\max}$——扣除承台和其上填土自重后的三桩中相应于作用的基本组合时的最大单桩竖向力设计值(kN)；

　　　s——桩中心距(m)；

　　　c——方柱边长(m)，圆柱时 $c=0.8d$(d 为圆柱直径)。

②等腰三桩承台[图 7-11(c)]:

$$M_1=\frac{N_{\max}}{3}\left(s-\frac{0.75}{\sqrt{4-\alpha^2}}c_1\right) \tag{7-16}$$

$$M_2=\frac{N_{\max}}{3}\left(\alpha s-\frac{0.75}{\sqrt{4-\alpha^2}}c_2\right) \tag{7-17}$$

式中　M_1，M_2——分别为由承台形心到承台两腰和底边的距离范围内板带的弯矩设计值(kN·m)；

　　　s——长向桩中心距(m)；

　　　α——短向桩中心距与长向中心桩中心距之比，当 α 小于 0.5 时，应按变截面的二桩承台设计；

　　　c_1，c_2——分别为垂直于、平行于承台底边的柱截面边长(m)。

2. 柱下桩基础独立承台受冲切承载力计算

(1)柱对承台的冲切，可按下列公式计算(图 7-12):

$$F_l\leqslant2[\alpha_{ox}(b_c+a_{oy})+\alpha_{oy}(h_c+a_{ox})]\beta_{hp}f_th_0 \tag{7-18}$$

$$F_l=F-\sum N_i \tag{7-19}$$

$$\alpha_{ox}=0.84/(\lambda_{ox}+0.2) \tag{7-20}$$

$$\alpha_{oy}=0.84/(\lambda_{oy}+0.2) \tag{7-21}$$

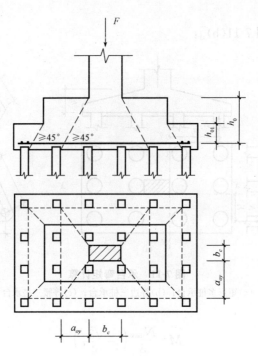

图 7-12　柱对承台冲切

式中　F_l——扣除承台及其上填土自重，作用在冲切破坏锥体上相应于作用的基本组合时的冲切力设计值(kN)，冲切破坏锥体应采用自柱边或承台变阶处至相应桩顶边缘连线构成的锥体，锥体与承台底面的夹角不小于 $45°$(图 7-12)；

　　　　h_0——冲切破坏锥体的有效高度(m)；

　　　　β_{hp}——受冲切承载力截面高度影响系数，其值按式(6-48)规定取用；

　　　　α_{ox}，α_{oy}——冲切系数；

　　　　λ_{ox}，λ_{oy}——冲跨比，$\lambda_{ox}=a_{ox}/h_0$，$\lambda_{oy}=a_{oy}/h_0$，a_{ox}、a_{oy} 为柱边或变阶处至桩边的水平距离；当 $a_{ox}(a_{oy})<0.25h_0$ 时，取 $a_{ox}(a_{oy})=0.25h_0$；当 $a_{ox}(a_{oy})>h_0$ 时，取 $a_{ox}(a_{oy})=h_0$；

　　　　F——柱根部轴力设计值(kN)；

　　　　$\sum N_i$——冲切破坏锥体范围内各桩的净反力设计值之和(kN)。

对中低压缩性土上的承台，当承台与地基土之间没有脱空现象时，可根据地区经验适当减小柱下桩基础独立承台受冲切计算的承台厚度。

(2)角桩对承台的冲切，可按下列公式计算：

①多桩矩形承台受角桩冲切的承载力应按下式计算(图 7-13)：

$$N_l\leqslant\left[\alpha_{1x}\left(c_2+\frac{a_{1y}}{2}\right)+\alpha_{1y}\left(c_1+\frac{a_{1x}}{2}\right)\right]\beta_{hp}f_th_0 \qquad (7\text{-}22)$$

$$\alpha_{1x}=0.56/(\lambda_{1x}+0.2) \qquad (7\text{-}23)$$

$$\alpha_{1y}=0.56/(\lambda_{1y}+0.2) \qquad (7\text{-}24)$$

式中　N_l——扣除承台和其上填土自重后的角桩桩顶相应于作用的基本组合时的竖向力设计值(kN)；

α_{1x}，α_{1y}——角桩冲切系数；

λ_{1x}，λ_{1y}——角桩冲跨比，其值满足 0.25～1.0，$\lambda_{1x}=a_{1x}/h_0$，$\lambda_{1y}=a_{1y}/h_0$；

c_1，c_2——从角桩内边缘至承台外边缘的距离(m)；

a_{1x}，a_{1y}——从承台底角桩内边缘引 45°冲切线与承台顶面或承台变阶处相交点至角桩内边缘的水平距离(m)；

h_0——承台外边缘的有效高度(m)。

②三桩三角形承台受角桩冲切的承载力可按下列公式计算(图 7-14)，对圆柱及圆桩，计算时可将圆形截面换算成正方形截面：

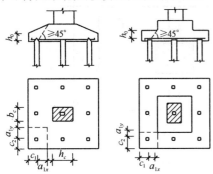 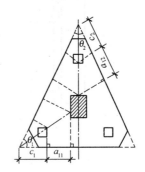

图 7-13 矩形承台角桩冲切验算   图 7-14 三角形承台角桩冲切验算

底部角桩：

$$N_l \leqslant \alpha_{11}(2c_1+a_{11})\tan\frac{\theta_1}{2}\beta_{hp}f_t h_0 \tag{7-25}$$

$$\alpha_{11}=0.56/(\lambda_{11}+0.2) \tag{7-26}$$

顶部角桩：

$$N_l \leqslant \alpha_{12}(2c_2+a_{12})\tan\frac{\theta_2}{2}\beta_{hp}f_t h_0 \tag{7-27}$$

$$\alpha_{12}=0.56/(\lambda_{12}+0.2) \tag{7-28}$$

式中 λ_{11}，λ_{12}——角桩冲跨比，其值满足 0.25～1.0，$\lambda_{11}=a_{11}/h_0$，$\lambda_{12}=a_{12}/h_0$；

a_{11}，a_{12}——从承台底角桩内边缘向相邻承台边引 45°冲切线与承台顶面相交点至角桩内边缘的水平距离(m)，当柱位于该 45°线以内时，则取柱边与桩内边缘连线为冲切锥体的锥线。

3. 斜截面受剪计算

柱下桩基础独立承台应分别对柱边和桩边、变阶处和桩边连线形成的斜截面进行受剪计算。当柱边外有多排桩形成多个剪切斜截面时，还应对每个斜截面进行验算。

柱下桩基独立承台斜截面受剪承载力可按下列公式进行计算(图 7-15)：

$$V \leqslant \beta_{hs}\beta f_t b_0 h_0 \tag{7-29}$$

$$\beta=\frac{1.75}{\lambda+1.0} \tag{7-30}$$

$$\beta_{hs}=(800/h_0)^{1/4} \tag{7-31}$$

式中 V——扣除承台及其上填土自重后相应于作用的基本组合时的斜截面的最大剪力设计值(kN)；

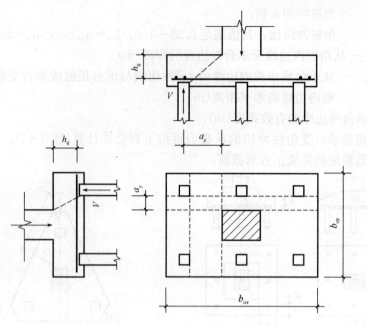

图 7-15　承台斜截面受剪计算

b_0——承台计算截面处的计算宽度(m)。阶梯形承台变阶处的计算宽度、锥形承台的
计算宽度应按《建筑地基基础设计规范》(GB 50007—2011)附录 U 确定；

h_0——计算宽度处的承台有效高度(m)；

β——剪切系数；

β_{hs}——受剪切承载力截面高度影响系数，当 $h_0 < 800$ mm 时，取 $h_0 = 800$ mm，当
$h_0 > 2\,000$ mm 时，取 $h_0 = 2\,000$ mm；

λ——计算截面的剪跨比，$\lambda_x = a_x / h_0$，$\lambda_y = a_y / h_0$，a_x、a_y 为柱边或承台变阶处至 x、y 方
向计算一排桩的桩边的水平距离，当 $\lambda < 0.25$ 时，取 $\lambda = 0.25$，当 $\lambda > 3$ 时，取 $\lambda = 3$。

当承台的混凝土强度等级低于柱或桩的混凝土强度等级时，还应验算柱下或桩上承台
的局部受压承载力。

第四节　桩基础设计实例

一、设计资料

某框架结构采用柱下独立承台桩基础，柱截面尺寸为 450 mm×600 mm。作用在基础
顶面的相应于荷载效应标准组合值为 $F_k = 2\,500$ kN，$M_k = 210$ kN·m(作用于长边方向)，
$H_k = 145$ kN，永久荷载效应起控制作用。拟采用钢筋混凝土预制方桩。已确定基桩水平承
载力特征值 $R_{Ha} = 45$ kN。

拟建建筑物场地位于市区内，地势平坦，建筑物场地位于非地震区，故不考虑地震影
响。建筑地基的土层分布情况，以及各土层的物理、力学指标见表 7-5。

表 7-5　地基土土层分布表

土层标号	土层名称	厚度 h_i/m	重度 γ/(kN·m^{-3})	孔隙比 e	黏聚力 c/kPa	塑性指数 I_P	液性指数 I_L
1	杂填土	1.3	16.0	—	—	—	—
2	粉质黏土	2.0	19.0	0.8	10	12	0.75
3	饱和软黏土	4.5	18.5	1.1	8	18.5	1
4	黏土	>8.0	21.5	0.5	12	20	0.25

二、设计要求

(1)确定基桩竖向承载力特征值(不考虑承台效应)。
(2)验算桩基承载力。
(3)进行承台设计。

三、设计过程

(一)基桩竖向承载力特征值

根据地质资料中土层的分布,第一层为杂填土,第二层为粉质黏土,第三层为饱和软黏土,第四层为黏土,只有第四层适合做桩端持力层。取承台埋置深度为 1.3 m。

该基础采用混凝土预制方桩,根据预制方桩常用截面尺寸,采用 400 mm×400 mm 预制方桩。

对于黏性土,桩端进入持力层的深度不宜小于 $2d$,故桩端进入持力层的深度取 0.8 m,则该混凝土预制方桩桩长为

$$l=2+4.5+0.8=7.3(\text{m})$$

根据地质资料,按表 7-1、表 7-2 分别确定桩的极限侧阻力标准值 q_{sik} 和桩的极限端阻力标准值 q_{pk},见表 7-6。

表 7-6　基桩极限侧阻力、端阻力标准值

土层标号	土层名称	厚度 h_i/m	液性指数 I_L	q_{sik}/kPa	q_{pk}/kPa
2	粉质黏土	2.0	0.75	55	—
3	饱和软黏土	4.5	1	40	—
4	黏土	>8.0	0.25	86	2 500

则该混凝土预制方桩单桩竖向承载力标准值:

$$\begin{aligned}Q_{uk}&=Q_{sk}+Q_{pk}=u\sum q_{sik}l_i+q_{pk}A_p\\&=0.4\times4\times(55\times2.0+40\times4.5+86\times0.8)+2\,500\times0.4^2\\&=974(\text{kN})\end{aligned}$$

该混凝土预制方桩单桩竖向承载力特征值:

$$R_a=\frac{Q_{uk}}{2}=\frac{974}{2}=487(\text{kN})$$

(二)桩基承载力验算

(1)确定桩数。

因承台尺寸未知,故用下面的公式初步计算桩数:

$$n \geqslant \frac{F_k}{R_a} = \frac{2\,500}{487} = 5.13$$

暂取 6 根,并按表 7-4 确定桩的中心距 $s = 3.5d = 3.5 \times 0.4 = 1.4(\text{m})$。

(2)初选承台尺寸。

取承台的长边和短边尺寸如下:

$$a = 2 \times 1.4 + 2 \times 0.4 = 3.6(\text{m})$$
$$b = 1.4 + 2 \times 0.4 = 2.2(\text{m})$$

满足承台尺寸构造要求。

取承台埋置深度为 1.3 m,承台高度为 0.8 m,桩顶深嵌入承台 50 mm,纵向钢筋混凝土保护层厚度取 50 mm,承台底做 100 mm 厚 C10 混凝土垫层。承台有效高度:

$$h_0 = 0.8 - 0.05 - 0.05 = 0.7(\text{m})$$

(3)基桩承载力验算。

①竖向承载力验算:

$$Q_k = \frac{F_k + G_k}{n} = \frac{2\,500 + 20 \times 3.6 \times 2.2 \times 1.3}{6} = 451(\text{kN}) < R_a = 487 \text{ kN}$$

$$M_{yk} = 210 + 145 \times 0.8 = 326(\text{kN} \cdot \text{m})$$

$$Q_{ik\,\min}^{ik\,\max} = \frac{F_k + G_k}{n} \pm \frac{M_{yk} x_{\max}}{\sum x_i^2} = 451 \pm \frac{326 \times 1.4}{4 \times 1.4^2}$$

$$= \frac{509.2(\text{kN}) < 1.2R_a = 1.2 \times 487 = 584.4(\text{kN})}{392.8(\text{kN}) > 0}$$

基桩竖向承载力满足要求。

②水平承载力验算:

$$H_{ik} = \frac{H_k}{n} = \frac{145}{6} = 24.2(\text{kN}) < R_{Ha} = 45 \text{ kN}$$

基桩水平承载力满足要求。

(三)承台设计

承台拟采用 C25 混凝土、HRB335 级钢筋。

(1)承台受冲切承载力验算。

①柱对承台的冲切:

$$F_l = 1.35F_k = 1.35 \times 2\,500 = 3\,375(\text{kN})$$

$$a_{ox} = 1\,400 - \frac{400}{2} - \frac{600}{2} = 900(\text{mm})$$

$$a_{oy} = \frac{1\,400}{2} - \frac{400}{2} - \frac{450}{2} = 275(\text{mm})$$

$$\lambda_{ax} = \frac{a_{ax}}{h_0} = \frac{900}{700} = 1.286 > 1$$

取 $\lambda_{ax} = 1$。

$$\lambda_{oy}=\frac{a_{oy}}{h_0}=\frac{275}{700}=0.393 \quad \begin{array}{c} >0.25 \\ <1 \end{array}$$

$$\alpha_{ox}=\frac{0.84}{\lambda_{ox}+0.2}=\frac{0.84}{1+0.2}=0.7$$

$$\alpha_{oy}=\frac{0.84}{\lambda_{oy}+0.2}=\frac{0.84}{0.393+0.2}=1.417$$

$$\beta_{hp}=1.0$$

$$2[\alpha_{ox}(b_c+a_{oy})+\alpha_{oy}(h_c+a_{ox})]\beta_{hp}f_t h_0$$
$$=2\times[0.7\times(0.45+0.275)+1.417\times(0.6+0.9)]\times1.0\times1.27\times10^3\times0.7$$
$$=4\ 681.5(kN)>F_l=3\ 375(kN)$$

故柱对承台的冲切满足要求。

②角桩对承台的冲切：

$$M_y=1.35M_{yk}=1.35\times326=440.1(kN\cdot m)$$

$$N_{min}^{max}=\frac{F}{n}\pm\frac{M_y x_{max}}{\sum x_i^2}=\frac{3\ 375}{6}\pm\frac{440.1\times1.4}{4\times1.4^2}=\begin{array}{c}641.1(kN)\\483.9(kN)\end{array}$$

$$c_1=c_2=600\ mm$$

$$a_{1x}=900\ mm$$

$$a_{1y}=275\ mm$$

$$\lambda_{1x}=\frac{a_{1x}}{h_0}=\frac{900}{700}=1.286>1$$

取 $\lambda_{1x}=1$。

$$\lambda_{1y}=\frac{a_{1y}}{h_0}=\frac{275}{700}=0.393 \quad \begin{array}{c} >0.25 \\ <1 \end{array}$$

$$\alpha_{1x}=\frac{0.56}{\lambda_{1x}+0.2}=\frac{0.56}{1+0.2}=0.467$$

$$\alpha_{1y}=\frac{0.56}{\lambda_{1y}+0.2}=\frac{0.56}{0.393+0.2}=0.944$$

$$\left[\alpha_{1x}\left(c_2+\frac{a_{1y}}{2}\right)+\alpha_{1y}\left(c_1+\frac{a_{1x}}{2}\right)\right]\beta_{hp}f_t h_0$$

$$=\left[0.467\times\left(0.6+\frac{0.275}{2}\right)+0.944\times\left(0.6+\frac{0.9}{2}\right)\right]\times1.0\times1.27\times10^3\times0.7$$

$$=1\ 187.4(kN)>N_{max}=641.1(kN)$$

角桩对承台的冲切满足要求。

(2)承台斜截面受剪承载力验算。

①Ⅰ—Ⅰ截面受剪承载力验算：

$$a_x=900\ mm$$

$$\lambda_x=\frac{a_x}{h_0}=\frac{900}{700}=1.286 \quad \begin{array}{c} >0.25 \\ <3 \end{array}$$

$$\beta_x=\frac{1.75}{\lambda_x+1.0}=\frac{1.75}{1.286+1.0}=0.766$$

$$\beta_{hs}=1.0$$

$$\beta_{hs}\beta_x f_t b_0 h_0=1.0\times0.766\times1.27\times10^3\times2.2\times0.7=1\ 498.1(kN)$$

$$V = 2N_{max} = 2 \times 641.1 = 1\,282.2(\text{kN}) < \beta_{hs}\beta_x f_t b_0 h_0 = 1\,498.1(\text{kN})$$

Ⅰ-Ⅰ截面受剪承载力满足要求。

②Ⅱ-Ⅱ截面受剪承载力验算：

$$a_y = 275 \text{ mm}$$

$$\lambda_y = \frac{a_y}{h_0} = \frac{275}{700} = 0.393 \quad \begin{matrix} >0.25 \\ <3 \end{matrix}$$

$$\beta_y = \frac{1.75}{\lambda_y + 1.0} = \frac{1.75}{0.393 + 1.0} = 1.256$$

$$\beta_{hs} = 1.0$$

$$\beta_{hs}\beta_y f_t l_0 h_0 = 1.0 \times 1.256 \times 1.27 \times 10^3 \times 3.6 \times 0.7 = 4\,019.7(\text{kN})$$

$$V = N_{max} + N + N_{min} = 641.1 + \frac{3\,375}{6} + 483.9 = 1\,687.5(\text{kN}) < \beta_{hs}\beta_y f_t l_0 h_0 = 4\,019.7(\text{kN})$$

Ⅱ-Ⅱ截面受剪承载力满足要求。

(3)承台受弯承载力验算。

$$M_x = \sum N_i y_i = (N_{max} + N + N_{min})y_i = 1\,687.5 \times 0.475 = 801.6(\text{kN} \cdot \text{m})$$

$$A_s = \frac{M_x}{0.9 f_y h_0} = \frac{801.6 \times 10^6}{0.9 \times 300 \times 700} = 4\,241.3(\text{mm}^2)$$

选用18Φ18@200，沿平行 y 轴方向均匀布置(图7-16)。

$$M_y = \sum N_i x_i = 2N_{max} x_i = 2 \times 641.1 \times 1.1 = 1\,410.4(\text{kN} \cdot \text{m})$$

$$A_s = \frac{M_y}{0.9 f_y h_0} = \frac{1\,410.4 \times 10^6}{0.9 \times 300 \times 700} = 7\,462.4(\text{mm}^2)$$

选用22Φ22@100，沿平行 x 轴方向均匀布置(图7-16)。

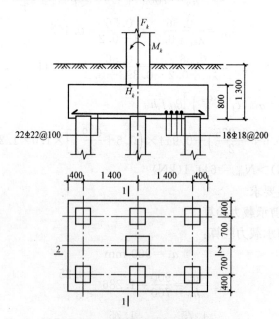

图7-16 桩基础设计案例附图

本章小结

桩基础由设置于岩土中的桩和连接于桩顶的承台组成，是一种深基础。桩基础承台直接承受上部结构的各种作用，并且利用其刚度将上部结构的作用传至下部的一根或者多根桩以及承台底面下的土体。

桩基础按承台的位置不同，可分为低承台桩基础和高承台桩基础；按桩的承载性状，可分为摩擦型桩和端承型桩；按桩的使用功能，可分为抗压桩、抗拔桩、抗水平荷载桩和抗复合荷载桩；按桩身材料可分为混凝土桩、钢桩、组合材料桩；按成桩工艺，可分为挤土桩、非挤土桩和部分挤土桩；按桩身直径，可分为小直径桩、中等直径桩和大直径桩；按桩的施工方法，可分为预制桩和灌注桩。

单桩竖向承载力可根据桩身材料强度确定，可按静载荷试验确定，还可按经验公式确定。

群桩中当桩设置得很近时，由于桩侧摩阻力的扩散作用，各桩在桩侧和桩端平面产生应力重叠，即群桩效应。低桩承台相当于浅基础，其底部地基土的承载力分布在承台的净底面面积上。计算基桩承载力时，应考虑净底面面积上地基土的承载力对桩群承载力的贡献

桩基础设计包括：调查研究，收集设计资料；确定桩基持力层和桩长；选择桩的类型和几何尺寸，初步确定承台底面标高；确定单桩竖向和水平向（承受水平力为主的桩）承载力设计值；确定桩的数量、间距和布置方式；验算桩基的承载力和沉降；桩身结构设计；承台设计；绘制桩基施工图。

思考与练习

1. 桩基础的特点是什么？什么情况下适合采用桩基础？
2. 桩按照不同标准可分为哪几类？
3. 什么是群桩效应？其对基桩承载力有哪些影响？
4. 桩基础设计的内容和步骤有哪些？
5. 承台有哪些构造要求？
6. 有一钢筋混凝土预制方桩，边长为 35 cm，桩长 $l=15$ m。承台埋置深度为 1.0 m，地基由四层土组成：第一层为杂填土，厚度为 1.0 m；第二层为淤泥质土，厚度为 3 m；第三层为黏土，厚度为 5 m，液性指数 $I_L=0.25$；第四层为粗砂，中密状态，厚度较大，未击穿。试确定该预制方桩的单桩承载力特征值。
7. 有一钢筋混凝土预制方桩，边长为 35 cm。承台埋置深度为 1.0 m，地基由四层土组成：第一层为杂填土，厚度为 1.0 m，地基承载力特征值 $f_{ak}=80$ kPa；第二层为淤泥质土，厚度为 3 m，地基承载力特征值 $f_{ak}=60$ kPa；第三层为黏土，厚度为 5 m，液性指数 $I_L=0.25$，地基承载力特征值 $f_{ak}=130$ kPa；第四层为粗砂，中密状态，厚度较大，未击穿。承台尺寸及桩位如图 7-17 所示。试确定考虑承台效应后该预制方桩的承载力特征值。

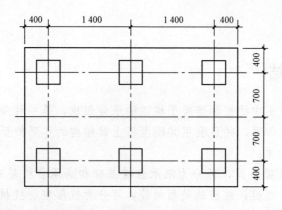

图 7-17 承台尺寸桩位图

8. 某框架结构采用柱下独立承台桩基础，柱截面尺寸为 500 mm×500 mm。作用在基础顶面的相应于荷载效应标准组合值 $F_k=3\,500$ kN，$M_k=160$ kN·m（作用于长边方向），$H_k=150$ kN，永久荷载效应起控制作用。拟采用钢筋混凝土预制方桩。已确定基桩水平承载力特征值 $R_{Ha}=50$ kN。地基由四层土组成：第一层为杂填土，厚度为 1.0 m；第二层为淤泥质土，厚度为 3 m；第三层为黏土，厚度为 5 m，液性指数 $I_L=0.25$；第四层为粗砂，中密状态，厚度较大，未击穿。

问题：（1）确定基桩竖向承载力特征值（不考虑承台效应）。

（2）验算桩基承载力。

（3）进行承台设计。

第八章 地基处理

第一节 地基处理的基本知识

一、地基处理的目的

地基良好与否是指是否能满足建筑物的变形和承载能力要求。由此可见，它是一个动态的概念。所以，地基处理的恰当与否，不仅关系到建筑物的适用性，还影响到建设费用的高低、施工进程的快慢。地基问题的处理恰当与否，直接关系到整个工程的质量可靠性、投资合理性及施工进度。因此，地基处理的重要性已越来越被更多的人所认识和了解。在软弱地基上建造工程，可能会发生以下问题：沉降或差异沉降大、地基沉降范围大、地基剪切破坏、承载力不足、地基液化、管涌等。地基处理的目的是针对问题，利用换填、夯实、挤密、排水、胶结和加筋等方法对地基土进行加固，用以改良地基土的工程特性。

(1)改善剪切特性。地基的剪切破坏以及在土压力作用下的稳定性，取决于地基土的抗剪强度。因此，为了防止剪切破坏以及减轻土压力，需要采用一些措施来增加地基土的抗剪强度。

(2)改善透水性能。由于在地下水的运动中所出现的问题，需要研究采取措施使地基土变为不透水土或者减轻其水压力。

(3)改善压缩特性。采用一定措施以提高地基土的压缩模量，减少地基土的沉降。

(4)改善动力特性。地震时，一部分土可能会产生液化，因此，需要研究采取一定措施防止地基土液化，并改善其振动特性。

(5)改善特殊土的不良地基特性。减少或消除黄土的湿陷性和膨胀土的胀缩性等特殊土的不良地基的特性。

二、地基处理的对象

《建筑地基基础设计规范》(GB 50007—2011)中规定，软弱地基是指主要由淤泥、淤泥质土、冲填土、杂填土或其他高压缩性土层构成的地基。

(1)软(黏)土。淤泥及淤泥质土总称为软黏土。软黏土的特性是天然含水量高、天然孔隙比大、抗剪强度低、压缩系数大、渗透系数小。在外荷载作用下地基承载力低、变形大、不均匀变形大、透水性差和变形稳定历时较长。在比较深厚的软土层上，建筑物基础的沉降常持续数年乃至数十年之久。

(2)冲填土。在整治和疏通江河航道时，用泥浆泵将挖泥船挖出的含有大量水分的泥砂，通过输泥管吹填到江河两岸而形成的沉积土．称为冲填土。

冲填土的成分比较复杂，以黏性土为例，由于土中含有大量的水分而难以排出，土体在沉积初期处于流动状态。因而，冲填土属于强度较低、压缩性较高的欠固结土。另外，主要以砂或其他粗粒土所组成的冲填土，其性质基本上类似于粉细砂面而不属于软弱土范围。可见，冲填土的工程性质主要取决于其颗粒组成、均匀性和沉积过程中的排水固结条件。

(3)杂填土。杂填土是由于人类活动而任意堆填的建筑垃圾、工业废料和生活垃圾。杂填土的成因很不规律，组成物杂乱且分布极不均匀、结构松散。它的主要特性是强度低、压缩性高和均匀性差，一般还具有浸水湿陷性。对有机质含量较多的生活垃圾和对基础有侵蚀性的工业废料等杂填土，未经处理不宜作为基础的持力层。

(4)其他高压缩性土。饱和松散粉细砂(包括部分粉土)也属于软弱地基的范围。当机械设备振动或地震荷载重复作用于该类地基土时，将使地基土产生液化；基坑开挖时也会产生管涌。

对软弱地基的勘察，应查明软弱土层的均匀性、组成、分布范围和土质情况。对冲填土应了解排水固结条件，对杂填土应查明堆载历史，明确在自重作用下的稳定性和湿陷性等基本因素。

三、地基处理的程序

地基处理方法的选择和确定要根据以下步骤进行：

(1)搜集建筑物场地详细的岩土工程地质、水文地质及地基基础的设计资料。

(2)根据建筑物结构类型、荷载大小和使用要求，结合地形地貌、地层结构、岩土条件、地下水特征、周围环境和相邻建筑物等因素，初步确定几种可供考虑的地基处理方法。而且，在选择地基处理方法时，应该同时考虑上部结构、基础和地基的共同作用，也可选用加强结构措施(如设置圈梁和沉降缝等)和处理地基相结合的方案。

(3)在因地制宜的前提下，对初步选定的各种地基处理方法分别从处理效果、材料来源及消耗、机具、施工进度和环境影响等方面进行认真的技术经济分析和对比，根据安全可靠、施工方便和经济合理等原则，选择最佳的地基处理方法。值得注意的是，每一种地基处理方法都有一定的适用范围、局限性和优缺点，没有一种地基处理方法是万能的，必要时可以选择两种或多种地基处理方法组成的联合方法。

(4)对已选定的地基处理方案，应按建筑物重要性和场地复杂程度，在有代表性的场地上进行相应的现场试验和试验性施工，并进行必要的测试以检验设计参数和处理效果。如达不到设计要求，应查找原因并采取措施或修改设计(图 8-1)。

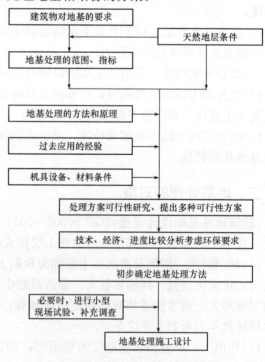

图 8-1 地基处理方法设计程序

四、常用的地基处理方法

地基处理的方法分类,按处理深度可以分为浅层处理和深层处理;按时间可以分为临时处理和永久处理;按土的性质又可以分为砂性土处理和黏性土处理;按地基处理的作用可以分为土质改良、土的置换和土的补强。

常用的地基处理方法有置换、夯实、挤密、排水、加筋、热学等。下面介绍几种地基处理方法:

(1)置换及拌入。该方法适用于黏性土、冲填土、粉砂、细砂等。其采用专门的技术措施,以砂、碎石等置换软弱土地基中的部分软弱土,或在部分软弱土中掺入水泥、石灰或砂浆等形成加固体,并与周边土组成复合地基,从而提高地基的承载力,减小沉降量。

(2)夯实和碾压。该方法适用于碎石、砂土、粉土、低饱和度的黏性土、杂填土等。其采用的是压实原理,通过机械碾压夯实,将表面地基土压实,强夯则利用强大的夯击能,在地基中产生强烈的冲击波和动应力,使土体动力固结密实。

(3)挤密和振密。该方法适用于松砂、粉土、杂填土及湿陷性黄土。其利用的是一定的技术措施,通过振动和挤密,使土体孔隙减少,强度提高;也可在振动和挤密的过程中,回填砂、砾石、灰土、素土等,与地基土组成复合地基,从而提高地基的承载力,减少沉降量。

(4)排水固结。该方法适用于饱和软弱土层,但对渗透性很低的泥炭土,则应慎用。其通过改善地基排水条件和施加预压荷载,加速地基的固结和强度增长,提高地基的稳定性,并使基础沉降提前完成。

第二节　强夯法和强夯置换法

一、强夯法

1. 强夯法概述

强夯法是法国 Menard 技术公司在 1969 年首创的,通过 8~30 t 的重锤(最重达 200 t)和 8~20 m 的落距(最高达 40 m),对地基土施加很大的冲击能,一般能量为 500~8 000 kN·m。强夯在地基土中所出现的冲击波和动应力,可以提高地基土的强度、降低土的压缩性、改善砂土的抗液化条件、消除湿陷性黄土的湿陷性。同时,夯击能还可以提高土层的均匀程度,减少将来可能出现的地基差异沉降。

强夯法适用于碎石土、砂土、杂填土、低饱和度的粉土与黏性土、湿陷性黄土和人工填土等地基的加固处理。对饱和度较高的淤泥和淤泥质土,使用时应慎重。近年来,对高饱和度的粉土与黏性土地基,有人采用在坑内回填碎石、块石或其他粗颗粒材料,强行夯入并排开软土,最后形成碎石桩与软土的复合地基,该方法称为强夯置换(或强夯挤淤、动力置换)。如深圳国际机场即采用强夯块石墩法加固跑道范围内地基土。

工程实践表明,强夯法具有施工简单、加固效果好、使用经济等优点,因而被世界各国工程界所重视。我国于 20 世纪 70 年代末首次在天津新港三号公路进行了强夯试验,随后在各地进行了多次的实践和应用。到目前为止，国内已有多项工程采用了强夯法，并取得了良好的加固效果。

强夯法加固地基有三种不同的加固机理，即动力密实、动力固结和动力置换，各种加固机理的特性取决于地基土的类别和强夯施工工艺。

(1)动力密实。强夯法加固多孔隙、粗颗粒、非饱和土是基于动力密实的机理，即用冲击型动力荷载，使土体中的孔隙体积减小，土体变得密实，从而提高地基土强度。非饱和土的夯实过程，就是土中的气相被挤出的过程，夯实变形主要是由土颗粒的相对位移引起的。实际工程表明，在冲击能作用下，地面会立即产生沉陷，夯击一遍后，其夯坑深度一般可达 0.6～1.0 m，夯坑底部形成一超压密硬壳层，承载力可比夯前提高 2～3 倍。

(2)动力固结。用强夯法处理细颗粒饱和土，则是基于动力固结机理，即巨大的冲击能在土中产生很大的应力波，破坏了土体原有的结构，使土体局部发生液化并产生许多裂隙，使孔隙水顺利逸出，待超孔隙水压力消散后，土体固结，加上软土具有触变性，土的强度得以提高。

(3)动力置换。动力置换可分为整式置换和桩式置换。整式置换是采用强夯将碎石整体挤入淤泥中，其作用机理类似于换土垫层。桩式置换是通过强夯将碎石填筑于土体中，部分碎石桩(墩)间隔地夯入软土中，形成桩(墩)式的碎石桩(墩)。其作用机理类似于振冲法等形成的碎石桩，它主要是靠碎石内摩擦角和墩间土的侧限来维持桩体的平衡，并与墩间土起复合地基作用。

2. 强夯法设计要点

(1)有效加固深度。有效加固深度也称有效影响深度，有效加固深度的标准根据不同地基、不同加固目的而有所不同。有效加固深度既是选择地基处理方法的重要依据，又是反映地基处理效果的重要参数。实际上，影响有效加固深度的因素有很多，除锤重和落距外，还有地基土性质、不同土层的厚度和埋藏顺序、地下水水位及其他强夯设计参数等。因此，强夯法的有效加固深度应根据现场试夯或当地经验确定。

我国常用的计算强夯法有效加固深度 H 的经验公式如下：

$$H = \alpha\sqrt{Wh} \tag{8-1}$$

式中 α——影响系数，根据所处理地基土的性质而定；

　　　　W——重锤重量(kN)；

　　　　h——落距(m)。

在缺少试验资料或经验时可按表 8-1 预估。

表 8-1 强夯法的有效加固深度

单击夯击能/(kN·m)	碎石土、砂土等粗颗粒土的有效加固深度/mm	粉土、黏性土、湿陷性黄土等细颗粒土的有效加固深度/mm
1 000	4.0～5.0	3.0～4.0
2 000	5.0～6.0	4.0～5.0
3 000	6.0～7.0	5.0～6.0
4 000	7.0～8.0	6.0～7.0
5 000	8.0～8.5	7.0～7.5

单击夯击能/(kN·m)	碎石土、砂土等粗颗粒土的有效加固深度/mm	粉土、黏性土、湿陷性黄土等细颗粒土的有效加固深度/mm
6 000	8.5～9.0	7.5～8.0
8 000	9.0～9.5	8.0～9.0
10 000	10.0～11.0	9.5～10.5
12 000	11.5～12.5	11.0～12.0
14 000	12.5～13.5	12.0～13.0
15 000	13.5～14.0	13.0～13.5
16 000	14.0～14.5	13.5～14.0
18 000	14.5～15.5	—

注：强夯法的有效加固深度应从最初起夯面算起。

（2）夯点的夯击次数与遍数。夯点的夯击次数，应按现场试夯得到的夯击次数和夯沉量关系曲线确定，并应同时满足下列条件：

①最后两击的平均夯沉量不宜大于下列数值：当单击夯击能小于 3 000 kN·m 时为 50 mm；当单击夯击能不小于 3 000 kN·m，不足 6 000 kN·m 时为 100 mm；当单击夯击能不小于 6 000 kN·m，不足 10 000 kN·m 时为 200 mm；当单击夯击能不小于 10 000 kN·m，不足 15 000 kN·m 时为 250 mm；当单击夯击能不小于 15 000 kN·m 时为 300 mm。

②夯坑周围地面不应发生过大的隆起。

③不因夯坑过深而发生提锤困难。

夯击遍数应根据地基土的性质确定，可采用点夯 2～4 遍，对于渗透性较差的细颗粒土，必要时夯击遍数可适当增加。最后再以低能量满夯 1～2 遍，满夯可采用轻锤或低落距锤多次夯击，锤印搭接。

两遍夯击之间应有一定的时间间隔，以利于土中超静孔隙水压力的消散，所以，间隔时间取决于土中超静孔隙水压力的消散时间。当缺少实测资料时，可根据地基土的渗透性确定，对于渗透性较差的黏性土地基，间隔时间不应少于 3～4 周；对于渗透性好的地基可连续夯击。

（3）夯击点位置。夯击点布置是否合理与夯实效果有直接的关系。夯击点位置可根据基底平面形状进行布置。对于某些基础面积较大的建筑物或构筑物，为便于施工，可采用等边三角形或正方形的布置方案；对于办公楼、住宅建筑等，一般可按等腰三角形布置。

夯击点间距一般可根据地基土的性质和要求处理的深度而定。第一遍夯击点间距可取夯锤直径的 2.5～3.5 倍，第二遍夯击点位于第一遍夯击点之间。以后各遍夯击点间距可适当减小。对处理深度较深或单击夯击能较大的工程，第一遍夯击点间距宜适当增大。

强夯处理范围应大于建筑物基础范围，每边超出基础外缘的宽度宜为基底下设计处理深度的 1/2～2/3，且不宜小于 3 m。对可液化地基，扩大范围不应小于可液化土层厚度的 1/2，且不应小于 5 m；对湿陷性黄土地基，还应符合现行国家标准《湿陷性黄土地区建筑规范》（GB 50025—2004）的有关规定。

(4)强夯锤质量。强夯锤质量可取 10~60 t，其底面形式宜采用圆形或多边形，锤底面面积宜按土的性质确定，锤底静接地压力值可取 25~80 kPa，单击夯击能高时取大值，单击夯击能低时取小值，对于细颗粒土锤底静接地压力宜取较小值。锤的底面宜对称设置若干个与其顶面贯通的排气孔，孔径可取 300~400 mm。

(5)其他要求。根据初步确定的强夯参数，提出强夯试验方案，进行现场试夯。应根据不同土质条件待试夯结束一至数周后，对试夯场地进行检测，并与夯前测试数据进行对比，检验强夯效果，确定工程采用的各项强夯参数。

根据试夯夯沉量确定起夯面标高和夯坑回填方式。

强夯地基承载力特征值应通过现场载荷试验确定，初步设计时也可根据地区经验和土工试验指标按现行国家标准《建筑地基基础设计规范》(GB 50007—2011)的有关规定确定。

强夯地基变形计算应符合现行国家标准《建筑地基基础设计规范》(GB 50007—2011)的有关规定。夯后有效加固深度内土层的压缩模量应通过原位测试或土工试验确定。

二、强夯置换法

1. 强夯置换法概述

强夯置换法是指利用强夯施工方法，边夯边填碎石在地基中设置碎石墩，在碎石墩和墩间土上铺设碎石垫层形成复合地基以提高地基承载力和减少沉降的一种地基处理方法。

强夯置换除在土中形成墩体外，当加固土层为深厚饱和粉土、粉砂时，还对墩间土和墩底端以下土有挤密作用，因此，强夯置换的加固深度应包括墩体置换深度和墩下加密范围。同时，墩体本身也是一个特大直径排水体，有利于加快土层固结。因此，强夯置换墩的加固原理，相当于强夯(加密)、碎石墩、特大直径排水井三者之和。

对粉土，形成的强夯置换墩可按与墩间土形成复合地基考虑，但在淤泥和其他流塑状态黏性土中，宜按单墩载荷试验确定的单墩承载力除以单墩加固面积作为加固后的地基承载力，不考虑墩间土的承载力，基础传来的荷载全部由墩承担。

2. 强夯置换法设计要点

(1)强夯置换墩。

①强夯置换墩的深度由土质条件决定，除厚层饱和粉土外，应穿透软土层，到达较硬土层上。深度不宜超过 10 m。强夯置换法的单击夯击能应根据现场试验确定。墩体材料可采用级配良好的块石、碎石、矿渣、建筑垃圾等坚硬粗颗粒材料，粒径大于 300 mm 的颗粒含量不宜超过全重的 30%。

②墩位布置宜采用等边三角形或正方形。对独立基础或条形基础可根据基础形状与宽度相应布置。

③墩间距应根据荷载大小和原土的承载力选定，当满堂布置时可取夯锤直径的 2~3 倍。对独立基础或条形基础可取夯锤直径的 1.5~2.0 倍。墩的计算直径可取夯锤直径的 1.1~1.2 倍。

④当墩间净距较大时，应适当提高上部结构和基础的刚度。

(2)夯点的夯击次数。夯点的夯击次数应通过现场试夯确定，且应同时满足下列条件：

①墩底穿透软弱土层，且达到设计墩长。

②累计夯沉量为设计墩长的 1.5~2.0 倍。

③最后两击的平均夯沉量同强夯法的规定值。

(3)强夯置换处理范围及其他要求。

①强夯置换处理范围同强夯法。

②墩顶应铺设一层厚度不小于 500 mm 的压实垫层，垫层材料可与墩体相同，粒径不宜大于 100 mm。

③强夯置换设计时，应预估地面抬高值，并在试夯时校正。

④强夯置换法试验方案的确定同强夯法。检测项目除进行现场载荷试验检测承载力和变形模量外，还应采用超重型或重型动力触探等方法，检查置换墩着底情况及承载力与密度随深度的变化。

⑤确定软黏性土中强夯置换墩地基承载力特征值时，可只考虑墩体，不考虑墩间土的作用，其承载力应通过现场单墩载荷试验确定，对饱和粉土地基可按复合地基考虑，其承载力可通过现场单墩复合地基载荷试验确定。

第三节　换土垫层法

一、原理及适用范围

当软弱土地基的承载力和变形满足不了建筑物的要求，而软土层的厚度又不很大时，将基础底面下处理范围内的软弱土层部分或全部挖去，然后，分层换填强度较大的砂(碎石、灰土、高炉干渣、粉煤灰)或其他性能稳定、无侵蚀性的材料，并夯压(振实)至要求的密实度为止，这种地基处理方法称为换土垫层法。

换土垫层法适用于淤泥、淤泥质土、湿陷性黄土、素填土、杂填土地基及暗沟、暗塘等的浅层处理，常用于轻型建筑、地坪、堆料场和道路工程等地基处理工程中。

浅层处理和深层处理很难明确划分界限，一般可认为地基浅层处理的范围大致在地面以下 5 m 深度以内(有的加固方法可在地面以下达 10 m 深)。浅层处理一般使用较简便的工艺技术和施工设备，耗费较少量的材料。换土垫层法即一种量大面广、简单、快速和经济的地基处理方法。

换土垫层的作用是：提高地基承载力，并通过垫层的应力扩散作用，减少垫层下天然土层所承受的压力，从而使地基强度满足要求；垫层置换了软弱土层，从而可减少地基的变形量；加速软土层的排水固结；调整不均匀地基的刚度；对湿陷性黄土、膨胀土或季节性冻土等特殊土，其目的主要是消除或部分消除地基土的湿陷性、胀缩性或冻胀性。

二、垫层材料的选用

采用换土垫层处理地基，垫层材料可因地制宜地根据工程的具体条件合理选用。

(1)砂石。宜选用碎石、卵石、角砾、圆砾、砾砂、粗砂、中砂或石屑(粒径小于 2 mm 的部分不应超过总重的 45%)，应级配良好，不含植物残体、垃圾等杂质。当使用粉细砂时，应掺入不少于总重 30%的碎石或卵石。砂石的最大粒径不宜大于 50 mm。

（2）粉质黏土。土料中有机质含量不得超过 5%，当含有碎石时，粒径不宜大于 50 mm。

（3）灰土。体积配合比宜为 2∶8 或 3∶7。土料宜用粉质黏土，不宜使用块状黏土和砂质粉土，不得含有松软杂质，并应过筛，其颗粒不得大于 15 mm。石灰宜用新鲜的消石灰，其颗粒不得大于 5 mm。

（4）粉煤灰。可用于道路、堆场和小型建筑物、构筑物等的换填垫层。粉煤灰垫层上宜覆土 0.3～0.5 m。

（5）矿渣。主要用于堆场、道路和地坪，也可用于小型建筑物、构筑物地基。选用矿渣的松散重度不小于 11 kN/m³，有机质及含泥总量不超过 5%。

（6）其他工业废渣。在有可靠试验结果或成功工程经验时，质地坚硬、性能稳定、无腐蚀性和放射性危害的工业废渣等均可用于填筑换填垫层。

（7）土工合成材料。土工合成材料加筋垫层所选用土工合成材料的品种与性能及填料，应根据工程特性和地基土质条件，按照现行国家标准《土工合成材料应用技术规范》（GB/T 50290—2014）的要求，通过设计计算并进行现场试验后确定。

土工合成材料应采用抗拉强度较高、耐久性好、抗腐蚀性的土工带、土工格栅、土工格室、土工垫或土工织物等土工合成材料。垫层填料宜用碎石、角砾、砾砂、粗砂、中砂等材料，且不宜含氯化钙、碳酸钠、硫化物等化学物质。当工程要求垫层具有排水功能时，垫层材料应具有良好的透水性。在软土地基上使用加筋垫层时，应保证建筑物稳定并满足允许变形的要求。

三、垫层的设计要点

1. 垫层厚度的确定

垫层厚度一般是根据砂垫层底部软土层的承载力来确定的，即作用在垫层底面处土的附加应力与自重应力之和，不大于软弱层的承载力设计值，并应符合下式要求：

$$P_z + P_{cz} \leqslant f_{az} \tag{8-2}$$

式中　P_z——垫层底面处的附加应力设计值（kPa）；

　　　P_{cz}——垫层底面处土的自重应力标准值（kPa）；

　　　f_{az}——经深度和宽度修正后垫层底面处土层的地基承载力设计值（kPa）。

垫层底面处的附加应力，除可以采用弹性理论的土中应力公式求得外，也可以按应力扩散角 θ 进行简化计算，如图 8-2 所示。

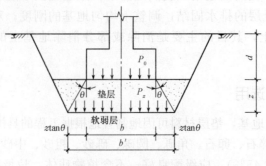

图 8-2　垫层内压力分布

条形基础：

$$P_z = \frac{b(P-P_c)}{b+2z\tan\theta} \tag{8-3}$$

矩形基础：

$$P_z = \frac{bl(P_k-P_c)}{(b+2z\tan\theta)(l+2z\tan\theta)} \tag{8-4}$$

式中　b——矩形基础或条形基础底面的宽度(m)；

l——矩形基础底面的长度(m)；

P_k——基础底面压力的设计值(kPa)；

P_c——基础底面处土的自重应力标准值(kPa)；

z——基础底面下垫层的厚度(m)；

θ——垫层的应力扩散角[(°)]，见表8-2。

表 8-2　应力扩散角 θ 　　　　　　　　[(°)]

z/b	换填材料		
	中砂、粗砂、砾砂、碎石土、石屑	粉质黏土和粉土($8<I_P<14$)	灰土
<0.25	0	0	
0.25	20	6	28
$\geqslant 0.50$	30	23	

注：当 $z/b<0.25$ 时，除灰土取 $\theta=30°$ 外，其余材料均取 $\theta=0°$；

当 $0.25<z/b<0.5$ 时，θ 值可内插求得。

垫层厚度一般不宜大于 3 m，太厚则施工困难；也不宜小于 0.5 m，太薄则换土垫层的作用不明显。一般垫层厚度以 1~2 m 为宜。

2. 垫层宽度的确定

垫层宽度，一方面要满足基础底面应力扩散的要求；另一方面应防止垫层向两边挤动。常用的计算方法是扩散法，可以按下式计算或根据当地经验确定。

$$b' \geqslant b+2z\tan\theta \tag{8-5}$$

式中　b'——垫层底面的宽度(m)；

θ——垫层的应力扩散角[(°)]。

各种换填材料的应力扩散角 θ 值见表8-2。

各种垫层的宽度在满足式(8-5)的前提下，在基础底面标高以下所开挖的基坑侧壁呈直立状态时，则垫层顶面角边比基础底边缘多出的宽度应不小于 300 mm；若按当地开挖基坑经验的要求，基坑须放坡开挖时，垫层的设计断面则呈下宽上窄的梯形。整片垫层的宽度可以根据施工要求适当加宽。

3. 垫层承载力的确定

经换填垫层处理的地基，其承载力宜通过实验确定，尤其是通过现场原位试验确定。中砂、粗砂、砾砂垫层应控制密实度在中密以上。在无试验资料或经验时，可按表8-3采用。

表 8-3　各种垫层承载力

施工方法	换填材料	压实系数 λ_c	承载力标准值/kPa
碾压振密夯实	碎石、卵石	≥0.97	200~300
	砂夹石(其中碎、卵石占全重的30%~50%)		200~250
	土夹石(其中碎、卵石占全重的30%~50%)		150~200
	中砂、粗砂、砾砂、角砾、圆砾、		150~200
	石屑		120~150
	粉质黏土	≥0.97	130~180
	灰土	≥0.95	200~250
	粉煤灰	≥0.95	120~150

注：1. 压实系数为土的控制干密度与最大干密度的比值。土的最大干密度宜采用击实试验确定；碎石或卵石的最大干密度可取 2.1~2.2 t/m³；

　　2. 表中压实系数是使用轻型击实试验测定土的最大干密度时给出的压实控制标准，采用重型击实试验时，对粉质黏土、灰土、粉煤灰及其他材料，压实标准为压实系数≥0.94。

4. 垫层的施工方法

换土垫层的施工可按换填材料(如砂石垫层、素土垫层、灰土垫层、粉煤灰垫层和矿渣垫层等)分类，或按压(夯、振)实方法分类。目前国内常用的垫层施工方法，主要有机械碾压法、重锤夯实法和振动压实法。

(1)机械碾压法。机械碾压法是采用各种压实机械，如压路机、羊足碾、振动碾等来压实地基土的一种压实方法。这种方法常用于大面积填土的压实、杂填土地基处理、道路工程基坑面积较大的换土垫层的分层压实。施工时，先按设计挖掉要处理的软弱土层，将基础底部土碾压密实后，再分层填土，逐层压密填土。

(2)重锤夯实法。重锤夯实法是利用起重设备将夯锤提升到一定高度，然后自由落锤，利用重锤自由下落时的冲击能来夯实浅层土层，重复夯打，使浅部地基土或分层填土夯实。主要设备有起重机、夯锤、钢丝绳和吊钩等。重锤夯实法一般适用地下水水位距地表 0.8 m以上非饱和的黏性土、砂土、杂填土和分层填土，用以提高其强度，减少其压缩性和不均匀性，也可用于消除或减少湿陷性黄土的表层湿陷性，但在有效夯实深度内存在软弱土时，或当夯击振动对邻近建筑物或设备有影响时，不得采用。因为饱和土在瞬间冲击力作用下水不易排出，很难夯实。

(3)振动压实法。振动压实法是利用振动压实机将松散土振动密实。地基土的颗粒受震动而发生相对运动，移动至稳固位置，减小土的孔隙而压实。此法适用于处理无黏性土或黏粒含量少、透水性较好的松散杂填土以及矿渣、碎石、砾砂、砾石、砂砾石等地基。

总的来说，垫层施工应根据不同的换填材料选择施工机械。粉质黏土、灰土宜采用平碾、振动碾和羊足碾，中小型工程也可采用蛙式打夯机、柴油夯；砂石等宜采用振动碾；粉煤灰宜用平碾、振动碾、平板式振动器、蛙式夯；矿渣宜采用平碾、振动碾、平板式振动器。

5. 加筋土垫层的设计

(1)材料强度。加筋土垫层所选用的土工合成材料应按下式进行材料强度验算：

$$T_P \leqslant T_a \tag{8-6}$$

式中　T_P——土工合成材料在允许延伸率下的抗拉强度(kN/m)；

　　　T_a——相应于作用的标准组合时，单位宽度的土工合成材料的最大拉力(kN/m)。

(2)加筋体的设置。加筋土垫层的加筋体设置应符合下列要求：

①一层加筋时，可设置在垫层的中部。

②多层加筋时，首层筋材与垫层顶面的距离宜取 30% 垫层厚度，筋材层间距宜取 30%～50% 的垫层厚度，且不应小于 200 mm。

③加筋线密度宜为 0.15～0.35。无经验时，单层加筋宜取高值，多层加筋宜取低值。垫层的边缘应有足够的锚固长度。

第四节　预压法

预压法又称排水固结法，是利用排水固结的特性，对地基进行堆载或真空预压，并增设各种排水条件，以加速饱和软黏土固结，提高土体强度的地基处理方法。该法常用于解决饱和软黏土地基的沉降和稳定问题，可使地基的沉降在加载期间基本完成或大部分完成，使建筑物在使用期间不致产生过大的沉降量和沉降差。同时，可增加地基土的抗剪强度，从而提高地基的承载力和稳定性。

预压法是由排水系统和加压系统两部分共同组合而成的。

设置排水系统主要是改变地基原有的排水边界条件，增加孔隙水排出的通路，缩短排水距离。该系统是由竖向排水井和水平排水垫层构成的。当软土层较薄，或土的渗透性较好而施工期较长时，可仅在地面铺设一定厚度的排水垫层，然后加载，土层中的孔隙水竖向流入垫层而排出。当工程上遇到深厚的、透水性很差的软黏土层时，可在地基中设置砂井或塑料排水带等竖向排水井，地面连以排水砂垫层，构成排水系统。

加压系统，即施加起固结作用的荷载。它使土中的孔隙水产生压差而渗流使土固结。其材料有固体(土石料等)、液体(水等)、真空负压力荷载等。

排水系统是一种手段，如没有加压系统，孔隙中的水没有压力差，水不会自然排出，地基也就得不到加固。如果只施加固结压力，不缩短土层的排水距离，则不能在预压期间尽快地完成设计所要求的沉降量，土的强度不能及时提高，各级加载也就不能顺利进行。所以上述两个系统，在设计时总是联系起来考虑。

一、预压法分类

1. 堆载预压法

堆载预压法是工程中行之有效、广为采用的方法。其是在建筑物建造之前，在建筑场地进行加载预压，使地基的固结沉降基本完成和提高地基土强度的方法。

在饱和软土地基上施加荷载后，孔隙水被缓慢排出，孔隙体积随之逐渐减小，地基发生固结变形。同时，随着超静水压力逐渐消散，有效应力逐渐提高，地基土强度也逐渐增大。例如，在建筑场地先加一个和上部建筑物相同的压力进行预压，使土层固结，然后卸除荷载，再建造建筑物，这样，建筑物所引起的沉降即可大大减小。如果预压荷载大于建筑物荷载，即所谓超载预压，则效果更好。因为经过超载预压，当土层的固结压力大于使用荷载下的固结压力时，原来的正常固结黏土层将处于超固结状态，而使土层在使用荷载下的变形大为减小。

2. 真空预压法

真空预压法不需要进行堆载和卸荷，是在需要加固的软土地基表面先铺设砂垫层，然后埋设垂直排水管道，再用不透气的封闭膜使其与大气隔绝，薄膜四周埋入土中，通过砂垫层内埋设的吸水管道，用真空装置进行抽气，使其形成真空，增加地基的有效应力。

当抽真空时，先后在地表砂垫层及竖向排水通道内逐步形成负压，使土体内部与排水通道、垫层之间形成压差。在此压差作用下，土体中的孔隙水不断地由排水通道排出，使土体固结。

真空预压法最早是瑞典皇家地质学院的教授于 1952 年提出的，随后有关国家相继进行了探索和研究，我国于 20 世纪 50 年代末 60 年代初对该法进行过研究，但因密封问题未能得到很好解决，又没有研制出合适的真空装置，故不易获得和保持所需的真空度，未能很好地用于实际工程，同时在加固机理方面也进展甚少。20 世纪 80 年代，由于港口发展，沿海的大量软基必须在近期内加固，因而从 1980 年起开展了真空预压法的研究，1985 年通过国家鉴定，在真空度和大面积加固方面处于国际领先地位，已在 240 多万平方米工程中使用，得到了满意效果。

真空预压的原理主要反映在以下几个方面：

(1)薄膜上面承受等于薄膜内外压差的荷载。在抽气前，薄膜内外都承受一个大气压。抽气后薄膜内气压逐渐下降，首先是砂垫层中的气压，其次是砂井中的气压，故使薄膜紧贴砂垫层。由于土体与砂垫层和砂井间的压差，发生渗流，使土中的孔隙水压力不断降低，有效应力不断增加，从而促使土体固结。土体和砂井间的压差随着抽气时间的增长，逐渐变小，最终趋向于零，此时渗流停止，土体固结完成。

(2)地下水水位降低，相应增加附加应力。抽气后土体中水位降落，在此水位降落范围内的土体便从浮重度变为湿重度，此时土骨架增加了大约与水位降落距离相当的固结压力。

(3)封闭气泡排出，土的渗透性加大。如饱和土体中含有少量封闭气泡，在正压作用下，该气泡堵塞孔隙，使土的渗透降低，固结过程减慢。但在真空吸力下，封闭气泡被吸出，从而使土体的渗透性提高，固结过程加速。

真空预压即在总应力不变的情况下，通过减小孔隙水压力来增加有效应力的方法。真空预压是在负超静水压力下排水固结，称为负压固结。

二、预压法适用范围

预压法适用于处理淤泥、淤泥质土和冲填土等饱和软黏土地基。对于砂类土和粉土，以及厚度不大或含较多薄粉砂夹层的软土层，当固结速率能满足工期要求时，可直接用堆载预压法；对深厚软黏土地基，应设置塑料排水板或砂井等排水竖井。真空预压法适用于能在加固区形成稳定负压边界条件的软土地基；降低地下水水位法适用于砂性土地基，也适用于软黏土层上存在砂性土的情况。

1. 预压法设计

(1)堆载预压法。堆载预压处理地基的设计应包括下列内容：选择塑料排水带或砂井，确定其断面尺寸、间距、排列方式和深度；确定预压区范围、预压荷载大小、荷载分级、加载速率和预压时间；计算地基土的固结度、强度增加、抗滑稳定性和变形。

①排水竖井设置。排水竖井可分为普通砂井、袋装砂井和塑料排水带。普通砂井直径可取 300～500 mm，袋装砂井直径可取 70～120 mm。

排水竖井的平面布置应符合如下规定：

a. 可采用等边三角形或正方形排列；

b. 等边三角形排列时，竖井的有效排水直径 d_e 与间距 l 的关系为：$d_e=1.05l$；

c. 正方形排列时，竖井的有效排水直径 d_e 与间距 l 的关系为：$d_e=1.13l$。

排水竖井的间距可根据地基土的固结特性和预定时间内所要求达到的固结度确定。设计时，竖井的间距可按井径比选用。

塑料排水带或袋装砂井的间距可按 $n=15～22$ 选用，普通砂井的间距可按 $n=6～8$ 选用。排水竖井的深度应符合以下规定：

a. 根据建筑物对地基的稳定性、变形要求和工期确定；

b. 对以地基抗滑稳定性控制的工程，竖井深度至少应超过最危险滑动面 2.0 m；

c. 对以变形控制的建筑，竖井深度应根据在限定的预压时间内需完成的变形量确定。竖井宜穿透受压土层。

②确定预压荷载。预压荷载大小应根据设计要求确定。对于沉降有严格限制的建筑，应采用超载预压法处理，超载量大小应根据预压时间内要求完成的变形量通过计算确定，并宜使预压荷载下受压土层各点的有效竖向应力大于建筑物荷载引起的相应点的附加应力。

预压荷载顶面的范围应等于或大于建筑物基础外缘所包围的范围。

加载速率应根据地基土的强度确定。当天然地基土的强度满足预压荷载下地基的稳定性要求时，可一次性加载，否则应分级逐渐加载，待前期预压荷载下地基土的强度增长满足下一级荷载下地基的稳定性要求时方可加载。

③铺设砂垫层。预压处理地基必须在地表铺设与排水竖井相连的砂垫层，砂垫层厚度不应小于 500 mm；砂垫层砂料宜用中粗砂，黏粒含量不宜大于 3%，砂料中可混有少量粒径小于 50 mm 的砾石。砂垫层的干密度应大于 1.5 g/cm³，其渗透系数宜大于 1×10^{-2} cm/s。在预压区边缘应设置排水沟，在预压区内宜设置与砂垫层相连的排水盲沟。砂井的砂料应选用中粗砂，其黏粒含量不应大于 3%。

④地基抗剪强度和最终变形确定。计算预压荷载下饱和性黏性土地基中某点的抗剪强度时，应考虑土体原来的固结状态。

对正常固结饱和黏性土地基，某点某一时间的抗剪强度可按下式计算：

$$\tau_{ft}=\tau_{f0}+\Delta\sigma_z \cdot U_t\tan\varphi_{cu} \tag{8-7}$$

式中 τ_{ft}——t 时刻，该点土的抗剪强度(kPa)；

τ_{f0}——地基土的天然抗剪强度(kPa)；

$\Delta\sigma_z$——预压荷载引起的该点的附加竖向应力(kPa)；

U_t——该点土的固结度；

φ_{cu}——三轴固结不排水压缩试验求得的土的内摩擦角[(°)]。

预压荷载下地基的最终竖向变形量可按下式计算：

$$s_f = \xi \sum_{i=1}^{n} \frac{e_{0i}-e_{1i}}{1+e_{0i}}h_i \tag{8-8}$$

式中 s_f——最终竖向变形量(m)；

e_{0i}——第 i 层中点土自重应力所对应的孔隙比，由室内固结试验 e-P 曲线查得；

e_{1i}——第 i 层中点土自重应力与附加应力之和所对应的孔隙比，由室内固结试验 e-P 曲线查得；

h_i——第 i 层土层厚度（m）；

ξ——经验系数，对正常固结饱和黏性土地基可取 $\xi=1.1\sim1.4$。荷载较大、地基土较软弱时应取较大值。

变形计算时，可取附加应力与土自重应力的比值为 0.1 的深度作为压缩层的计算深度。

（2）真空预压法。真空预压处理地基必须设置排水竖井。设计内容包括：竖井断面尺寸、间距、排列方式和深度的选择；预压区面积和分块大小；真空预压工艺；要求达到的真空度和土层的固结度；真空预压和建筑物荷载下地基的变形计算；真空预压后地基土的强度增长计算等。

①排水竖井设置。真空预压法排水竖井设计可参照砂井设计。砂井的砂料应选用中粗砂，其渗透系数应大于 1×10^{-2} cm/s。

真空预压竖向排水通道宜穿透软土层，但不应进入下卧透水层。软土层厚度较大且以地基抗滑稳定性控制的工程，竖向排水通道的深度至少应超过最危险滑动面 3.0 m。对以变形控制的工程，竖井深度应根据在限定的预压时间内需完成的变形量确定，且宜穿透主要受压土层。

②真空预压要求。真空预压区边缘应大于建筑物基础轮廓线，每边增加量不得小于 3.0 m。每块预压面积宜尽可能大且呈方形。

真空预压的膜下真空度应稳定地保持在 650 mmHg 以上，且应均匀分布，竖井深度范围内土层的平均固结度应大于 90%。对于表层存在良好的透气层或在处理范围内有充足水源补给的透水层，应采取有效措施隔断透气层或透水层。真空预压加固面积较大时，宜采取分区加固，分区面积宜为 20 000～40 000 m²。真空预压所需抽真空设备的数量，可按加固面积的大小和形状、土层结构特点，以一套设备可抽真空的面积为 1 000～1 500 m² 确定。

③地基最终变形确定。真空预压地基最终竖向变形可按堆载预压法计算，其中 ξ 可取 1.0～1.3。

（3）真空和堆载联合预压。真空和堆载联合预压是将真空预压和堆载预压有机结合起来处理软基的一种方法，近年来逐渐在高速公路软基处理中得到广泛应用。

当设计地基预压荷载大于 80 kPa 时，应在真空预压抽真空的同时再施加定量的堆载。堆载体的坡肩线宜与真空预压边线一致。

对于一般软黏土，当膜下真空度稳定地达到 650 mmHg 后，抽真空 10 d 左右可进行上部堆载施工，即边抽真空，边施加堆载；对于高含水量的淤泥类土，当膜下真空度稳定地达到 650 mmHg 后，一般抽真空 20～30 d 可进行堆载施工。

当堆载较大时，真空和堆载联合预压法应提出荷载分级施加要求，分级数应根据地基土稳定计算确定。分级逐渐加载时，应待前期预压荷载下地基土的强度增长满足下一级荷载下地基的稳定性要求时方可加载。

真空和堆载联合预压以真空预压为主时，最终竖向变形计算同堆载预压法，其中 ξ 可取 1.0～1.3。

1. 地基处理的对象和目的是什么？

2. 换土垫层法的作用和适用范围是什么？垫层的设计要点是什么？

3. 预压法的分类及其适用范围是什么？

4. 强夯法加固地基的机理有哪些？

5. 强夯置换法的设计要点都有什么？

6. 某住宅楼采用钢筋混凝土结构的条形基础，宽度为 1.2 m，埋置深度为 0.8 m，基础的平均重度为 25 kN/m³，作用于基础顶面的竖向荷载为 125 kN/m。地基土的情况：表层为粉质黏土，重度为 17.5 kN/m³，厚度为 1.2 m，第二层土为淤泥质土，重度为 17.8 kN/m³，厚度为 10 m，地基承载力特征值为 50 kPa。地下水水位深 1.2 m。因地基土较软弱，不能承受上部建筑物的荷载，试设计砂垫层的宽度和厚度。

第九章　特殊土地基

第一节　软土地基

一、软土地基的工程性质

软土地基基础工程是在软土区域内进行建筑物建设工程，其特殊性在于以软土施工处理为前提。从广义上来说，软土是指具有空隙比大、压缩系数高、天然含水量大，抗剪强度低、灵敏度高，具有蠕动性且固结时间长，土层层状分布复杂、各层之间物理力学性质相差较大等特点的土质区域，其技术指标包括含水量为 $34\%\sim72\%$，孔隙比为 $1.0\sim1.9$，饱和度大于 95%，液限为 $35\%\sim60\%$，塑性指数为 13.3；从狭义上来说，它包括淤泥、淤泥质土、充填土、杂填土、软黏性土等软弱性质的土地。总体来说，软土地基是由这些软弱性质土层构成的一种具有承载能力低、沉降量大，且具有振动液化性、湿陷性、胀缩性等不良工程性质的软弱地基。

由于软土地基的特性，如果对软土地基的施工处理没有达到相应的指标需求，没有有效的技术措施，软土地基将极易发生变形且导致流土、管漏、液化等问题，从而造成整体建筑结构发生大幅度沉降或其局部沉陷，致使建筑结构遭受严重的损坏，严重影响建筑物的使用性能，更为严重的还可能存在安全隐患。因此，软土地基是软土区域建设的重中之重，对软土地基的施工处理研究具有重大的现实意义。

二、软土地基施工处理方法

1. 深层密实法

深层密实法包括强夯法、挤密桩、碎石桩加固法、旋喷桩法。其中，挤密桩为常用的有效方法，即先往土中打入桩管成孔，拔出桩管后向孔内填入砂或者其他材料并加以捣实，形成挤密桩，挤密较大深度范围内以及挤密桩周的松软土层，由桩和挤密后的土层相互作用、共同组成复合土层作为地基的持力层。挤密桩按其所填充的材料可分为砾石桩、砂桩、石灰桩、灰土桩以及土桩等。其适用于含砂砾、砖瓦砾的杂填土以及松散土地基，最大有效处理深度可以达到 20 m。

2. 换填垫层法

换填垫层法通过挖除浅层的软弱土或者不良土，采用其他无侵蚀性、低压缩性、高强度的散体材料(如砂石垫层、碎石垫层、粉煤灰垫层、干渣垫层、土垫层等)，分层碾压或夯实土，重构地基的持力层。换填垫层法通过换填较高抗剪强度的地基土，从而增强地基的承载能力。它的经济实用高度为 $2\sim3$ m，适用于软土层厚度并不是很大的情况，如果软土层厚度过大，会由于大量换填而增加人力和物力，增大工程成本。

对不同软土层情况，换填垫层法也有其不同的施工处理方法。在软土层厚度不大于2 m时，一般采用砂砾或碎石等具有良好渗水性的材料进行置换填土。这种方法虽然施工工艺相对简单，但是费用相对较高；当软土层位于水下且厚度不超过 3 m 时，前者不再适用，一般采用从中部向两边延伸抛入直径大于 30 m 的片石，挤出淤泥的方法，这种方法需要注意石块的压实情况，不能出现软弹现象；当软土层较薄时，通常采用含泥量大于 5%、直径小于 5 cm 的砂砾(砂)垫层，在填土与基底之间设一排水面，从而使地基在受到填土荷载后，迅速地将地基土中地孔隙水排出。

3. 排水固结法

排水固结法通过对软土地基进行加压从而加速排水，使其孔隙比减小，能够快速固结。其适用于各类淤泥、淤泥质黏土及充填等饱和黏性土地基。它的原理在于增加软土的有效应力，使软土地基可能出现的沉降高速发生并提前完成，从而保证软土地基后续的安全使用。

对不同软土层情况，排水固结法也有其不同的施工处理方法。在软土层厚度大于 5 m时，一般利用各种打钻机具击入钢管，或用高压射水、爆破等方法在地基中获得按一定规律排列的孔眼并灌入中、粗砂形成具有排水作用的砂柱。这种方法的有效处理深度可以达到 18 m；软土厚度较大时，采用锤击法和振动法施工袋装砂井，从而增加软土地基竖向的排水能力，缩短横向的排水距离，加速软土地基的强度。这种方法施工工艺复杂，施工时间长，费用高；当地下水水位接近地面而开挖深度不大时，通过降低地下水水位使土体中的孔隙水压力减小，增大有效应力，促使地基固结。

4. 加固路基法

加固路基法是在软土地基中预埋入高强度、大韧性的土工合成材料(即以人工合成的聚化物为原料制成的各种类型产品)。例如，在软土地基中放置筋材，构成土体－筋材的复合体，以筋材为抗拉构件，与土体相互作用，限制软土地基的侧向变形，从而增强软土地基的内部强度、抗剪强度以及整体性。

第二节　湿陷性黄土地基

一、湿陷性黄土地基的工程性质

湿陷性黄土是一种特殊性质的土，其土质较均匀、结构疏松、孔隙发育。湿陷性黄土由粉粒组成，为大孔结构，孔隙比大于1，孔隙率在 45% 以上，垂直节理发育。黄土的强度一般较高，但是压缩性较低，在未受水浸湿时，一般强度较高，压缩性较小。有一类黄土，如果被雨水浸湿，在一定的压力下，就会出现土体结构的破坏，产生较大附加下沉，强度迅速降低，并发生显著下沉。与此同时，土壤的强度会降低，这种黄土就叫作湿陷性黄土。湿陷性黄土最大的特点就在于在重压之下受水浸湿后会产生湿陷。

黄土湿陷性的外因是建筑物附近修建水库，渠道蓄水渗漏，水管、水池漏水或降水量较大渗入地下，引起地下水水位上升，浸湿黄土地基。内因是黄土中含有硫酸钠、碳酸钠、碳酸镁和氯化钠等可溶盐，受水浸湿后，这些可溶盐被溶化，大大减弱土中的胶结力，使土粒容易发生位移而产生变形。同时，黄土受水浸湿，使土粒周围的薄膜水增厚，侵入颗粒之间，在压密过程中起润滑作用。

二、湿陷性黄土地基的处理

1. 利用灰土和素土回填法

利用灰土和素土回填法是指将地基底部的湿陷性土层全部挖出，或者开挖到设计深度，然后利用灰土和素土对开挖部分进行回填，并逐层夯实，针对不同的回填土采用不同的处理参数，已获得较好的效果。通常垫层的厚度为 1～3 m。此种方法可以消除垫层范围内存在的湿陷性，减轻或者消除湿陷情况的出现。此种方法是一种常见的处理浅层地基湿陷性的方法，且其施工简单，效果明显。施工中应当注意的是控制回填土的质量，对灰土和素土层所具备的最佳含水量和最大干容量等进行严格的掌控，否则将不能达到处理效果。

2. 夯实法

夯实法可以是重锤法或强夯法。重锤法对浅层土层的湿陷性作用明显，如采用 15～40 kN 的夯锤，落高控制在 2.5～4.5 m，在最佳含水量的条件下，对 1～1.6 m 范围内的湿陷性消除效果较好。强夯法是采用锤重 100～200 kN，高度在 10～20 m 范围内，夯击两遍，此方法据测算可消除 4～6 m 内的湿陷性。上述两种方法在使用时都应进行实地的夯击试验，以保证参数准确而达到设计效果，保证施工质量。

3. 挤密桩处理

施工中采用打入桩、冲钻、爆扩等方法在土层中成孔，然后将石灰土、石灰＋粉煤灰等材料分层填入桩孔中并夯实，形成挤密桩，以此破坏黄土地基的湿陷性。挤密桩的效果是来自挤密的程度高低，采用桩径、桩距的不同将产生不同的效果，因此应进行实地的试验来确定，要求地基土在挤密桩范围内达到边缘干容量达到设计范围。应注意的是，采用挤密桩的同时应配合对地基表面的防水处理。

4. 预浸湿方法

如地基土层检定为自重湿陷性黄土，则可以利用此种特征对其进行处理，在建筑施工前对地基进行先行的浸湿处理，使其在自重的作用下发生人为湿陷，待湿陷充分后再进行基础施工等。实际应用表明，此方法可消除地下数米外的黄土的自重湿陷性，而表面数米以内的土层往往因为压力不足而仍然具有湿陷性，需要进行再次处理。

第三节　红黏土地基

一、红黏土地基的工程性质

红黏土是碳酸盐类岩石在亚热带温湿气候条件下，经风化形成的一种残积与坡积的红色黏土，我国云南、贵州、广西各省分布广泛，一般在山区或丘陵地带居多。

红黏土常分布在岩溶地区，成为基岩的覆盖层。由于地表水和地下水的运动引起的冲蚀和潜蚀作用，红黏土中常有土洞存在，所以红黏土与岩溶、土洞的关系密切。另外，断层破碎带或强烈褶皱的岩体破碎地区，也有利于红黏土的形成。

红黏土的颜色呈褐红色、棕红色、紫红色和黄褐色。土层厚度一般为 3～10 m，个别地带可达 20～30 m。因受基岩起伏的影响，往往水平距离 1 m，而厚度变化达 4～5 m 之多，造成地基的不均匀性。土的状态沿深度上硬下软。由于胀缩交变，土层中网状裂隙发育，一般延伸至地下 3～4 m，破坏了土体的完整性。斜坡、陡坎上的竖向裂隙可能形成滑坡。

红黏土的矿物成分以石英和伊里土为主，由于石英组成的骨架和铁质胶结物等的影响，红黏土具有较好的水稳性，红黏土天然孔隙比虽大，但其抗水性却较高。

二、红黏土地基的处理

(1)红黏土上部处于硬塑或坚硬状态，强度较高，设计时可考虑利用其作为天然地基的持力层。

(2)在建筑场地范围内，做好地表水的截流、防渗、堵漏。对形成土洞的地下水，可采用截流、改道，防止土洞和地表塌陷的发展。

(3)对于浅层土洞，可挖去表层土，用块石、碎石或毛石混凝土回填，或采用钢筋混凝土梁、拱跨越土洞，以支承上部建筑物。

(4)当荷载较大时，采用桩基穿过溶洞、溶沟、土洞等，将建筑物的荷载传至稳定的岩层上。

(5)基槽开挖后，不得长久暴露，以免地基土干缩开裂或浸水软化，应及时进行基础施工并回填夯实。

第四节　膨胀土地基

一、膨胀土地基的工程性质

膨胀土是一种吸水膨胀、失水收缩、具有较大往复胀缩变形的高塑性黏土。膨胀土通常强度较高、压缩性低，易被误认为是良好的地基。膨胀土地基能使基础位移，建筑物和地坪开裂、变形而破坏。调查表明，膨胀土地基上建筑物的开裂，一般具有地区性成群出现的特点，以低层砖木结构的民用房屋最为严重。房屋裂缝的特征为：山墙上的倒八字形缝上宽下窄；外纵墙下部水平缝，同时墙体外倾，基础向外转动；地基胀缩往复运动使墙体产生斜向交叉裂缝；独立砖柱水平断裂，同时出现水平位移；地坪隆起开裂等。由此可见，膨胀土对建筑物的使用与安全造成的危害不可忽视。这种特殊性地基土在我国分布范围很广，广西、云南、贵州、四川、陕西、湖北、安徽、河南、河北、山东各省都有。在膨胀土地基上进行建筑时，应切实做好工程地质勘察，并采取相应的工程措施。

二、膨胀土地基的处理

1. 地基处理

膨胀土地基处理可采用换土、砂石垫层、土性改良等方法。换土可采用非膨胀性土或灰土，换土厚度可通过变形计算确定。平坦场地上Ⅰ、Ⅱ级膨胀土的地基处理，宜采用砂、碎石垫层；垫层厚度不应小于 300 mm，并做好防水处理。

膨胀土层较厚时，应采用桩基，桩尖支承在非膨胀土层上，或支承在大气影响层以下的稳定层上。在验算桩身抗拉强度时应考虑桩身承受膨胀力影响，钢筋应通长配置，最小配筋率应按受拉构件配置。桩身胀切力由浸水载荷试验确定，取膨胀值为零的压力即胀切力。桩承台梁下应留有空隙，其值应大于土层浸水后的最大膨胀量，且不小于 100 mm。承台梁两侧应采取措施，防止空隙堵塞。

2. 上部结构措施

(1)建筑物应尽量布置在胀缩性较小和土质较均匀的场地，为减少大气对膨胀土的胀缩影响，基础最小埋置深度不小于 1 m。

(2)加强防水、排水措施。经常检查给水排水系统，防止漏水。室外排水畅通，避免积水。屋面排水宜采用外排水，雨水接入沟管排水。散水要有一定宽度，并加隔热保温层。房屋四周种植草皮及绿化，减少水分蒸发。加强防水、排水措施的目的是使土中水分不要变化太大，以减少土的胀缩性。

(3)为了防止地基土膨胀后引起地面产生裂缝。Ⅲ级膨胀土地基和使用要求特别严格的地面，可采取地面配筋或地面架空措施。对使用要求不严的地面，可采用预制块铺设，大面积地面应做分格变形缝。

(4)用增加基底压力使其大于膨胀力的方法，以消除膨胀变形。

(5)较均匀的弱膨胀土地基，可采用条基。基础埋置深度较大或条基基底压力较小时，宜采用墩基。

(6)承重砌体结构采用实心砖墙，不宜采用砖拱结构、无砂大孔混凝土和无筋中型砌块等对变形敏感的结构。

(7)排架结构山墙和内隔墙应采用与柱基相同的基础形式，围护墙下宜设置基础梁。

(8)砌体结构房屋应加设圈梁，增加房屋的刚度和整体性。

本章小结

我国境内包含的特殊土有软土、湿陷性黄土、红黏土、膨胀土等。此外，我国山区广大，广泛分布在我国西南地区。山区地基与平原相比，其主要表现为地基的不均匀性和场地的不稳定性两方面，工程地质条件更为复杂，对构筑物更具有直接和潜在的危险，为保证各类构筑物的安全和正常使用，应根据其工程特点和要求，因地制宜、综合治理。特殊地基土的合理治理有利于工程的大规模建设，不仅可以扩展工程的区域，还可以提高土地的利用率。

1. 试述软土地基的工程特性及其工程处理方法。
2. 湿陷性黄土地基的工程特性有哪些？湿陷性黄土地基的工程处理方法是什么？
3. 红黏土地基的工程特性有哪些？红黏土地基的工程处理方法是什么？
4. 膨胀土地基的工程特性有哪些？膨胀土地基的工程处理方法是什么？

参 考 文 献

[1] 中华人民共和国住房和城乡建设部. JGJ 94—2008 建筑桩基技术规范[S]. 北京：中国建筑工业出版社，2008.

[2] 中华人民共和国住房和城乡建设部. GB 50007—2011 建筑地基基础设计规范[S]. 北京：中国建筑工业出版社，2012.

[3] 中华人民共和国住房和城乡建设部. JGJ 79—2012 建筑地基处理技术规范[S]. 北京：中国建筑工业出版社，2013.

[4] 中华人民共和国住房和城乡建设部. GB 50009—2012 建筑结构荷载规范[S]. 北京：中国建筑工业出版社，2012.

[5] 中华人民共和国住房和城乡建设部. GB 50010—2010 混凝土结构设计规范（2015 年版）[S]. 北京：中国建筑工业出版社，2011.

[6] 龚晓南. 土力学[M]. 北京：中国建筑工业出版社，2002.

[7] 梁利生，汪荣林. 地基与基础[M]. 北京：冶金工业出版社，2011.

[8] 何世玲. 土力学与基础工程[M]. 北京：化学工业出版社，2005.

[9] 昌永红. 土力学与基础工程[M]. 北京：机械工业出版社，2017.

[10] 昌永红. 地基与基础[M]. 北京：北京理工大学出版社，2017.

[11] 马宁. 土力学与地基基础[M]. 北京：科学出版社，2008.